COSMONAUTES de CHINE

Fidèle à sa volonté de maintenir vivant l'ensemble du catalogue et de continuer à rendre accessible à tous la richesse de son contenu, Les marques du groupe L'Harmattan proposent les ouvrages, même s'ils sont épuisés dans leur premier tirage, et les impriment à la demande.
Au vu de l'ancienneté de ce titre, un exemplaire original a été numérisé pour être réimprimé, ce qui pourrait altérer légèrement la qualité de certains passages.

ISBN : 2-7475-3060-4

Philippe Coué

COSMONAUTES de CHINE

collaboration artistique
Mourad Cherfi

L'Harmattan
5-7, rue de l'École-Polytechnique
75005 Paris
FRANCE

L'Harmattan Hongrie
Hargita u. 3
1026 Budapest
HONGRIE

L'Harmattan Italia
Via Bava, 37
10214 Torino
ITALIE

Remerciements

Cet ouvrage est dédié :

• À mon ***épouse*** et mes ***deux enfants*** (avec toute ma gratitude pour leur patience et leurs encouragements).

• À la ***famille Coué***.

• À ***Albert Ducrocq*** pour avoir relayé avec enthousiasme l'épopée spatiale (pour ses célèbres interventions sur Europe n°1 et ses écrits) et réalisé l'expérience « survol des méridiens » à l'occasion de l'opération Ciel et Spacelab en 1983. Plus que tout autre, il m'a encouragé à poursuivre la route des étoiles surtout au sein du Cosmos Club de France (C2F) dont il fut le président.

• À tous ceux qui ont diffusé des informations sur les activités spatiales chinoises ou exprimé leur intérêt pour mon projet en m'apportant de précieux conseils : ***Christian Lardier***, ***Stéphane Chenard***, ***Antoine Gautier***, ***Théo Pirard***, ***Geneviève Schméder***, ***Alain Gaubert***, ***Alain Cirou***, ***Françoise Harrois-Monin***, ***Vu Thi Bich***, ***Marie-Claude Paskoff***, ***Renaud Revill***, ***Pierre Glaçon***, ***Ying Boquet***, ***Gilles Dawidowicz***, ***Francis Hauss*** et ***Guy Longueville***.

• À ceux qui ont déclenché mon enthousiasme pour l'astronautique : ***Arthur C. Clarke*** (le début de ma passion avec le film culte *"2001, Odyssée de l'espace"*), ***Carl Sagan*** (pour les émissions TV et l'ouvrage *Cosmos*), ***Alexandre Ananoff*** (pour une rencontre mémorable organisée par ***Guy Pignolet*** en 1990), ***Robert McCall*** et ***Tim White*** (pour leurs œuvres artistiques sur l'espace).

• Aux infatigables témoins et "explorateurs de la Chine" : ***Claude Roy*** (Clefs pour la Chine), ***Alain Peyrefitte*** (Quand la Chine s'éveillera, La Chine s'est éveillée, etc.), ***Iris Chang*** (Thread of the Silkworm), ***Brian Harvey*** (The chinese space programme), ***Jean-Luc Domenach*** et ***Philippe Richer*** (La Chine), ***Shen Lan*** (Go Taikonaut website), ***Mark Wade*** (Encyclopedia Astronautica website) et ***Joseph Needham*** (Science et civilisation en Chine).

Avertissements

Cet ouvrage constitue la synthèse des informations concernant les vols spatiaux habités chinois. Il comporte deux parties qui peuvent être lues séparément. Les premiers chapitres décrivent la progression de l'astronautique chinoise replacée dans son contexte historique. Cette incursion dans les activités spatiales de la République Populaire introduit le Projet 921 "Shenzhou". La deuxième partie aborde les aspects techniques du système qui concourt à la mise en oeuvre des vols pilotés. Enfin, les derniers chapitres présentent à la fois un état de l'art et une prospective en ce qui concerne les stations orbitales, les navettes spatiales et l'exploration planétaire.

En raison du caractère très confidentiel du Projet-921 "Shenzhou", l'histoire des vols habités chinois demeure incomplète et encore sujette à spéculations. De ce fait, la description des matériels spatiaux utilisés par l'Empire du Milieu ne peut être exhaustive. Cette remarque concerne aussi le coût du Projet 921 qui est encore totalement inconnu. Mais à la veille des premières orbites des cosmonautes chinois autour de la Terre, il m'est apparu opportun de partager avec le plus grand nombre les informations collectées depuis le début des années 1980. En outre, deux travaux universitaires – *Les vols spatiaux habités chinois* en 1995 et *Le mandarin et le cosmonaute* en 1999 – ont contribué à préparer cet ouvrage.

1
Introduction

Au XVIe siècle, sous la dynastie des Ming, la civilisation chinoise est florissante ; ses fastes parviennent aux cours européennes. La Chine sort de ses frontières, elle explore l'outremer, multiplie les relations diplomatiques et commerce beaucoup. Les encyclopédistes transmettent des siècles de progrès scientifiques et techniques dans des ouvrages uniques comportant parfois des milliers de chapitres. Ces lettrés instruisent aussi les militaires sur l'art d'utiliser la poudre noire, l'invention chinoise la plus célèbre avec le sismographe, la boussole ou l'imprimerie. Cette poudre a été utilisée pour la première fois en 919 comme agent détonnant et en 970 comme agent propulsif.

Ce dernier usage retient l'attention du mandarin Wang Hou qui souhaite se propulser au firmament. Selon la légende, il imagine une "machine volante" comprenant deux cerfs-volants et 47 fusées. Mais au XVIe siècle, aucune solution satisfaisante ne permet l'allumage simultané de tous les propulseurs. L'illustre mandarin décide donc de recourir à 47 esclaves pour allumer chaque fusée. L'opération est réalisée mais un esclave maladroit, ou mal intentionné, met le feu à ce qu'il conviendrait d'appeler la "cellule". Wang Hou périt brûlé en emportant avec lui l'espoir d'atteindre l'espace. Malgré cette fin dramatique, son nom demeure associé à l'histoire des voyages spatiaux, celle où l'Homme conquiert l'espace à l'aide des fusées.

Quatre siècles plus tard, cette légende hante encore le Désert de Gobi lorsque le premier vaisseau habitable chinois s'élance vers les étoiles par une nuit glaciale de novembre 1999. Pour accomplir cette performance, la Chine a dû abandonner les dogmes des anciens empires pour se soumettre au totalitarisme communiste et à sa modernisation à marche forcée. Les vols spatiaux habités illustrent la course effrénée de la République Populaire pour se doter de tous les attributs d'une grande puissance après l'arme atomique et les premiers satellites.

Après des décennies de développement opiniâtre, l'engagement de la Chine dans les vols spatiaux habités est incontestable et illustre effectivement son rôle prépondérant dans les affaires du monde sur Terre et dans le cosmos. Les rondes des vaisseaux habitables autour de notre planète semblent accompagner, sinon accélérer, l'irrésistible ascension de l'Empire du Milieu. Le moment est donc opportun pour évoquer tous les aspects historiques, technologiques et politiques de ce programme spatial unique en Asie.

À l'instar de tous les autres programmes spatiaux, c'est au milieu du XXe siècle, au coeur de l'Europe, que débute la “Longue Marche” des cosmonautes chinois.

Première partie

La Longue Marche des Cosmonautes Chinois

La Chine ? Voilà un géant endormi. Laissons-le dormir. Car lorsqu'il s'éveillera, il ébranlera le monde.

Napoléon

Mais il y a un pays voué à la vengeance et à la justice, un pays qui ne déposera pas les armes, qui ne déposera pas l'esprit avant l'affrontement planétaire. Déjà trois cents ans d'énergie européenne s'effacent, l'ère chinoise commence.

André Malraux,
Antimémoires

Le peuple chinois a tout à la fois de la volonté et des capacités ; il saura, dans un avenir qui n'est pas lointain, atteindre et dépasser les niveaux d'avant-garde dans le monde.

Mao Zedong

La réalité est non seulement plus fantastique que ce que nous croyons, mais encore plus que tout ce que nous pouvons imaginer.

J.B.S. Haldane

2

Préhistoire de l'astronautique chinoise

Sur les ruines de la seconde guerre mondiale - Tsien, un visionnaire chinois chez l'oncle Sam - La naissance de l'astronautique en Chine - Le Grand Bond en avant et les premières fusées chinoises - La Chine à l'heure des révolutions (culturelle et orbitale)

Sur les ruines de la seconde guerre mondiale

Nous sommes en 1945, l'hitlérisme est vaincu. L'Allemagne n'a pas résisté aux forces occidentales et soviétiques. Pour le bien de l'Humanité, une aube nouvelle déchire les ténèbres. La fin de la guerre révèle aussi les immondices du nazisme. L'ampleur de la catastrophe est sans précédent. On nettoie le passé avec des procès. On recompose le monde avec des traités.

Et puis, pour satisfaire aux "traditions" de la guerre, on s'approprie les trésors du vaincu. Au XXe siècle, il ne s'agit plus d'étoffes ou d'épices mais plutôt de savoir, de science et de technologie. Dans ce domaine, l'Allemagne fournit un trésor de guerre inestimable aux vainqueurs. Les savants allemands n'ont pas maîtrisé l'atome mais ils ont réalisé des avancées significatives dans la plupart des technologies militaires. Les armes aériennes constituent souvent la cible privilégiée des alliés. Dans les derniers mois du conflit, le ciel de la "vieille Europe" s'était peuplé d'engins aérospatiaux germains inédits, originaux et parfois étranges : avions à réaction (Arado, Me-262, etc.), avions-fusées (Comet, Natter, etc.) et missiles (V-1 et V-2).

Pour expertiser ces machines aériennes, rapporter la documentation et leurs pièces détachées sur le territoire des Etats-Unis, les responsables militaires américains recrutent les meilleurs spécialistes de l'époque. L'un d'eux n'est pas américain mais chinois, il se nomme Tsien Hsue-shen [1].

Au milieu des années 1930, ce professeur de fuséologie, né à Hangzhou en 1911, fonde avec Théodore von Karman [2] et Franck Malina le laboratoire aéronautique Gungenheim à Pasadena, l'ancêtre du Jet Propulsion

La contribution de Tsien aux fusées américaines

Tsien Hsue-shen a commencé sa carrière astronautique aux États-Unis. Il fut l'un des plus éminents spécialistes de son époque dans le domaine de l'aérodynamique et des fusées.

1938	Travaux sur l'aérodynamique supersonique.
1941	Tsien établit avec Théodore von Karman une nouvelle théorie sur l'aérodynamique en régime transsonique.
1942	Conception d'une soufflerie supersonique. Travaux sur les fusées avec Frank Malina.
1943	Tsien est professeur assistant au Caltech où il effectue des recherches dans les domaines de l'aéronautique et des fusées.
1944	Au Jet Propulsion Laboratory (JPL), il étudie les moteurs à réaction (réacteur, statoréacteur et moteur-fusée) et participe au développement du premier missile à propulsion solide américain Private A.
1945	Tsien participe à la conception préliminaire des missiles Private F et WAC Corporal.
1950'	Etudes préliminaires du missile intercontinental Titan-2 [3].

1 – En "pinyin", Tsien Hsue-shen s'orthographie Qian Xuesen. L'une des principales difficultés lorsqu'on étudie la Chine concerne la transcription des noms. Les formes admises en Europe - surtout décrétées par le Royaume-Uni et l'Ecole française d'Extrême-Orient - s'effacent de plus en plus au profit de la transcription officielle de Pékin, le "pinyin". Cette forme change Mao Tse Toung en Mao Zedong, Chou En Lai en Zhou Enlai, Pékin en Beijing, etc. Pour la suite de l'ouvrage, le "pinyin" a été préféré à la forme classique. Cependant, pour se conformer à toutes les autres sources, le père de l'astronautique chinoise sera cité avec l'ancienne orthographe, c'est à dire : Tsien.

2 – Véritable pionnier de l'aéronautique américaine, Théodore von Karman apporta une contribution majeure à la promotion et au développement des aéronefs supersoniques. – **Jay MILLER**, *The X-Planes*, Aerofax Inc, Arlington, 1988.

3 – Department of Defense briefing to Select Committee, 11/12/98 (Rapport Cox, 1999).

Laboratory [4]. À l'Institut de Technologie de Californie (Caltech), Tsien est le premier professeur de la chaire Goddard. Au début des années 1940, il enrichit ses conférences avec ses propres travaux. Pendant la seconde guerre mondiale, Tsien participe aux études de l'Armée américaine sur les missiles. Sa contribution est capitale. Pour cette raison, Tsien est envoyé en Europe pour interroger les spécialistes allemands des fusées, dans le cadre de l'opération Lusty [5]. Il effectue cette mission avec le grade de colonel des forces aériennes américaines (USAAF ou US Army Air Force).

Le 5 mai 1945, le savant chinois se rend en Bavière, dans le village de Kochel, pour rencontrer Wernher von Braun [6] qui s'est rendu quelques jours plus tôt aux Américains. Aux pieds des Alpes, dans un décor wagnérien, la visite est historique. Elle réunit, pour la première fois, deux visionnaires de l'astronautique [7]. Tsien demande alors au créateur des V-1 et des V-2 de fournir un rapport sur l'état de l'art des fusées allemandes et une prospective. Ce document, intitulé *Survey of development of liquid rockets in Germany and their future prospects*, comporte une partie sur les vols spatiaux habités (construction et exploitation des stations spatiales).

▪ Tsien, un visionnaire chinois chez l'oncle Sam

Tsien retourne aux États-Unis après avoir rencontré d'autres savants et visité de multiples installations de recherches et d'essais parmi les plus avancées au monde. Les engins découverts en Allemagne sont beaucoup plus performants que les missiles américains et offrent des perspectives révolutionnaires pour atteindre le firmament. Les travaux germaniques influencent définitivement le jeune chinois ; l'astronautique est irrémédiable, il participera à son développement. En 1945 et 1946, il rédige plu-

4 – Le Jet Propulsion Laboratory dépend aujourd'hui de la NASA (National Aeronautics and Space Administration). En dehors des travaux sur la propulsion avancée, ce centre est responsable des sondes d'exploration planétaire (Galileo, Pathfinder, Ulysse, etc.).

5 – **Iris CHANG**, *Thread of the Silkworm*, Basic Books, New York (USA), 1995, p. 112.

6 – Wernher Magnus Maximilian von Braun est né le 23 mars 1912 à Wirsitz en Allemagne. Titulaire d'un doctorat de physique à 22 ans, il contribue au développement des missiles nazis. Après la seconde guerre mondiale, il sert pendant quelques années les militaires américains avant de rejoindre la NASA. Wernher von Braun sera le principal artisan du programme Apollo. Il est considéré, à juste titre, comme l'un des plus grands pionniers de l'astronautique.

7 – **R. CARGILL HALL**, *Earth Satellites, a First Look by the United States Navy*, Fourth history symposium of IAA, 10/70.

sieurs rapports sur le sujet et l'ouvrage *Jet Propulsion*. Il contribue aussi à trois volumes de l'étude *Toward new horizons*, une prospective aérospatiale unique destinée à orienter la politique de recherche et de développement de l'USAAF. Cette étude aboutira aux fameux "X-planes", ces démonstrateurs qui ont permis à l'Amérique de dominer les cieux.

Au lendemain de la Guerre, les travaux de Tsien sont en avance sur leur époque. Il propose de nouveaux concepts aérospatiaux et un vocabulaire adapté à ses recherches. Par exemple, il invente le terme "superaérodynamique" pour décrire le comportement d'un engin très rapide dans une atmosphère raréfiée.

Ces véhicules très rapides, capables d'emporter des hommes aux frontières de l'espace, Tsien en étudie beaucoup. Pour lui, rien n'est trop innovant. En 1949, s'inspirant du projet de bombardier antipodal proposé par l'Allemand Eugen Sänger, Tsien estime que la technologie de son époque est suffisante pour développer un véhicule aérospatial transcontinental. Cet ancêtre de la Navette Spatiale aurait transporté dix passagers sur plusieurs milliers de kilomètres avec une vitesse maximale de Mach 12.

En décembre 1949, la présentation de ce projet, à l'hôtel Hilton Statler de New York, subjugue l'auditoire de *l'American Rocket Society* et fait la une des magazines comme *Flight, New York Times* ou *Popular Science*. L'Amérique se passionne pour les projets futuristes et offre à Tsien une notoriété sans précédent. Il approfondit ses travaux sur les vols habités hypersoniques pendant plusieurs mois jusqu'en juin 1950 et ses ennuis avec le FBI (Federal Bureau of Investigation).

En dépit de sa contribution majeure dans le domaine des fusées, le savant chinois est arrêté sur des accusations truquées lorsqu'il tente de rentrer dans son pays natal. Une ancienne amitié avec des militants communistes et sa précipitation pour retourner en Chine attirent l'attention de l'Administration américaine. En pleine guerre froide [8], les fonctionnaires

8 – La guerre froide apparaît trois ans après la fin des hostilités mondiales au moment où l'URSS (Union des Républiques Socialistes Soviétiques) instaure des régimes communistes en Europe de l'Est. Cette velléité d'expansion inquiète les États-Unis et leurs alliés. Dès lors, les relations entre les deux vainqueurs de la seconde guerre mondiale ne vont jamais cesser de se détériorer et provoquer l'avènement d'un monde bipolaire. Ce sont deux conceptions du monde, deux façons d'envisager les rapports entre société et individus qui s'affrontent. Pendant 40 ans, l'Humanité va jouer au funambule en équilibre sur le fil de la terreur atomique, la perche du funambule oscillant de gauche à droite en fonction des technologies et des armements disponibles chez les deux protagonistes. La guerre froide prend fin après l'effondrement de l'Union Soviétique en 1991.

Projet de véhicule aérospatial de Tsien Hsue-shen (1947) inspiré du bombardier antipodal étudié par l'Allemand Sänger pendant la seconde guerre mondiale.

de Washington craignent que la Chine conquise par Mao utilise les compétences du jeune prodige à des fins militaires.

L'arrestation de Tsien et sa "liberté contrôlée" dans les environs de Los Angeles reflètent le climat de suspicion qui domine la vie politique américaine au début des années 1950. Exacerbée par le sénateur républicain du Wisconsin, Joseph McCarthy, une conspiration communiste menacerait l'exécutif américain... Les États-Unis s'engagent alors dans une politique totalement anticommuniste et extrémiste. Des investigations sont conduites dans l'Administration américaine et dans les milieux d'artistes et d'intellectuels contre toutes les personnes soupçonnées de sympathies communistes ou simplement progressistes. Tsien devient un "bouc émissaire" de cette répression hystérique que l'on nommera plus tard "maccarthysme". En dépit des difficultés matérielles qui l'assaillent, il continue à transmettre ses connaissances uniques aux étudiants.

Les vols spatiaux habités l'obsèdent toujours. Dans son ouvrage *Thread of the silkworm*, qui nous conte la vie de Tsien, Iris Chang cite une correspondance de 1952 adressée à von Karman sur ce domaine. Le savant chinois évoque à son illustre collègue l'avenir des véhicules aérospatiaux habités. Il exclut que les futurs pilotes puissent contrôler des engins aussi rapides. Tsien propose l'assistance des ordinateurs, les seuls, selon lui, capables de répondre instantanément aux turbulences atmosphériques.

La participation de Tsien au développement des fusées américaines attire la convoitise des services secrets chinois du redoutable et sinistre Kang Sheng [9]. Ces derniers répondent favorablement à sa demande de rapatriement. Le transfert est négocié aux Nations Unies au cours du mois d'août 1955 [10]. Il est échangé avec d'autres Chinois contre des prisonniers américains capturés pendant la guerre de Corée. En définitive, Tsien et sa famille retournent en Chine à l'automne 1955.

Il deviendra le principal artisan du programme spatial chinois.

9 – Kang Sheng fut l'éminence grise de Mao Zedong dont il était très proche. Militant communiste de la première heure, formé dans les années 1930 à Moscou, Kang Sheng dirigea pendant un quart de siècle les services secrets de la République Populaire de Chine. Le rôle de cet énigmatique personnage est capital pour le développement des activités "hightech" chinoises. Pour en connaître davantage sur cet agent très secret, je conseille la lecture de l'ouvrage des journalistes **Roger FALIGOT** et **Rémi KAUFFER** intitulé *Kang Sheng et les services secrets chinois* (Éditions Robert Laffont, Paris, 1987).

10 – *China's Foreign Relations : a Chronology of Events (1949-1988)*, Xinhua News Agency, Beijing, 1989, p. 525.

La naissance de l'astronautique en Chine

Le retour en Chine est brutal. Mais à l'instar des autres savants qui l'ont précédé, Tsien est persuadé que la Chine communiste offre un cadre idéal pour l'accomplissement de ses projets. Du reste, il est accueilli en héros. Pour comprendre ce retour triomphal, un peu d'histoire...

La République Populaire de Chine (RPC) est fondée en 1949 par Mao Zedong [11] sur les ruines politiques et économiques d'un État qui n'a pas su se moderniser après l'effondrement de l'Empire en 1911. L'avènement du totalitarisme maoïste, d'idéologie marxiste, annonce le réveil de la civilisation chinoise après plusieurs siècles de léthargie. Un réveil sans concession où la science et la technologie sont utilisées pour replacer la Chine dans le concert des nations, reconstruire son identité nationale et la moderniser.

Pendant des millénaires, la Chine a souvent été à la pointe des sciences et techniques. Mais après la Renaissance, elle laisse ses inventions à l'Occident qui les transforme en clés de sa puissance. Mao Zedong a compris la leçon, il promeut l'esprit scientifique qui va asseoir son pouvoir et restaurer la Chine.

La mise en place d'un régime teinté de rouge, dans la région la plus peuplée du monde, provoque aussi la crainte des Occidentaux. Ces derniers soumettent l'empire jaune à un embargo économique et technologique total. Un embargo qui assomme un pays dont le faible niveau de développement n'a pas dépassé celui de la Russie de 1914.

En conséquence, dépourvue de main-d'œuvre qualifiée et d'infrastructure industrielle moderne, la Chine fait appel à son allié communiste du Nord – l'Union Soviétique – pour développer ses sciences et ses techniques. Un traité d'alliance est signé le 14 février 1950 qui permet à l'URSS d'imposer sans pudeur son modèle. Des instituts sont créés dans tous les domaines scientifiques et mis sous la tutelle de nombreux ministères techniques. De même, à l'instar de son puissant voisin, un complexe militaro-industriel émerge avec ses propres règles économiques et un secret total sur ses activités.

11 – Mao Zedong est né en 1893 d'une famille de paysans aisés du Hunan. Autodidacte, il adhère aux doctrines marxistes par l'étude des problèmes agraires. Après avoir vaincu les armées du Guomintang de Tchiang Kaï-shek, Mao Zedong est élu, le 30 septembre 1949, président de la République Populaire de Chine. Il fait l'objet d'un intense culte de la personnalité jusqu'à sa mort en 1976.

En cette époque de franche camaraderie avec l'URSS, tous les espoirs sont permis aux dirigeants de Pékin. L'orgueil de la civilisation chinoise des anciens empires est délaissé, pour un temps, au profit du pragmatisme et des réalités de la guerre froide. En 1956, le Premier ministre Zhou Enlai déclare : *« Il serait erroné de vouloir poursuivre l'édification du socialisme tout seul, en marge du monde. La Chine aura besoin, comme par le passé, pendant une longue période, de l'URSS et des démocraties populaires »*.

De ce fait, une coopération technologique de grande ampleur s'instaure entre les deux bastions communistes de l'Eurasie. Pendant le premier plan quinquennal (1953-1957), élaboré lui aussi avec l'aide des Soviétiques, la Chine connaît une reconstruction rapide suivie d'une forte croissance industrielle (industrie lourde et d'équipement). Dans le domaine militaire, les liens qui unissent les deux pays accélèrent la mise au point de l'arme atomique chinoise. Perfusée de technologies soviétiques, la Chine passe au début des années 1950 à la production d'uranium enrichi [12] ; elle se fait livrer son premier réacteur nucléaire expérimental (plusieurs mégawatts) en 1958 [13]. Usant de sa "grande générosité", le dirigeant soviétique de l'époque – Khrouchtchev – promet la livraison d'un échantillon de bombe A. Cette promesse n'est pas tenue...

Dès 1959, les relations politiques entre la Chine et l'URSS se dégradent. En juin 1959, la coopération sino-soviétique dans le domaine nucléaire prend fin brutalement. En juillet 1959, Khrouchtchev ordonne le rapatriement des 1 390 savants et techniciens soviétiques présents dans l'Empire du Milieu. 343 contrats et 257 projets techniques sont annulés [14]. La responsabilité de cette rupture doit être imputée aux deux protagonistes. En fait, les "aventures" soviétiques en Europe de l'Est, la coexistence pacifique avec les États-Unis prônée par Moscou et une coopération technologique trop étroite (l'URSS proposait de fusionner les programmes atomiques des deux pays) inquiètent les dirigeants de Pékin soucieux de leur indépendance. Le gouvernement chinois, qui se veut chinois avant tout, n'accorde aucune concession à l'Union Soviétique, même communiste. De son côté, le Kremlin condamne la nucléarisation de la Chine.

12 – **Bruno FRIEDMAN**, "Qu'y a-t-il derrière la science chinoise ?", in *Science et Vie* n°573, Paris, juin 1965, p. 107.

13 – **Robert GUILLAIN**, *Dans 30 ans la Chine*, Éditions du Seuil, Paris, 1965, p. 148.

14 – **Iris CHANG**, op. cit., p. 217.

Khrouchtchev ne cache pas sa crainte de voir l'arme atomique possédée et contrôlée par un Mao devenu tyran et mégalomane. L'empereur jaune a choqué les dirigeants soviétiques avec sa vision très particulière d'un conflit nucléaire : « *Nous pouvons perdre 300 millions de personnes. Et alors ? La guerre est la guerre. Les années passeront et nous nous remettrons à faire encore plus de bébés...* »

La brève période d'amitié entre la Chine et l'URSS est donc une parenthèse. Une sorte de guerre froide sino-soviétique s'instaure. Une tension dont l'origine remonte à plusieurs siècles et qui est aggravée par la volonté russe d'expansion territoriale [15].

▪ Le Grand Bond en avant et les premières fusées chinoises

Pour les Occidentaux, le départ des Soviétiques aurait dû assener un coup fatal à l'effort chinois de modernisation industrielle et militaire. Mais la Chine a eu le temps de s'organiser et progresse avec trois atouts au début des années 1960 :

- elle dispose d'abondantes ressources en matières premières à partir desquelles il est possible de réaliser des matériaux nouveaux ;
- il existe une main d'œuvre volontaire pour des travaux pénibles et dangereux ;
- le pouvoir politique souhaite transformer l'Empire du Milieu en grande puissance industrielle.

De même, les dix années "d'entente cordiale" avec l'URSS ont établi la base scientifique et technique sur laquelle la Chine peut désormais s'appuyer pour conduire ses grands projets. Ces derniers sont nombreux. Ils avaient été présentés officiellement le 5 janvier 1956 avec le label : *Plan de douze ans (1956-1967) pour le développement de la science* [16]. Ce plan délaisse la recherche fondamentale au profit de la recherche appliquée mais doit permettre à la Chine d'atteindre le niveau des pays les plus développés.

Aujourd'hui, il faut rechercher l'origine du programme spatial chinois

15 – **Richard NIXON**, *La Vraie guerre*, Warner Books Inc, New York, 1980.

16 – **Joan JOHNSON-FREESE**, *The Chinese Space Program*, Krieger Publishing Company, Malabar (USA), 1998, p. 44.

Compter sur ses propres forces...

dans ce plan établi en 1955/1956. Plusieurs thèmes scientifiques et techniques sont associés aux armements atomiques et au développement des fusées. La maîtrise des technologies des missiles balistiques a été recommandée par les Soviétiques et bien entendu par Tsien. Le savant chinois a déjà réussi à convaincre les dirigeants de son pays qu'il fallait créer une industrie des fusées.

Pour contrer la menace nucléaire américaine, Pékin suit les recommandations de Tsien et accorde la priorité absolue aux missiles pour transporter les ogives. En 1958, le Président Mao Zedong s'implique personnellement dans les directives concernant les programmes aérospatiaux. Impressionné par le lancement du satellite soviétique Spoutnik-3, il déclare que *« la Chine doit aussi lancer des satellites artificiels »*. L'espace fait rêver le Grand Timonier. La commission de planification scientifique en prend acte en créant le Projet 581. La mise au point des fusées est confiée à la Cinquième Académie de Tsien qui est déjà impliquée dans la fabrication des missiles depuis octobre 1956[17].

Le démarrage du programme est laborieux dans la Chine du Grand Bond en avant[18]. Le Maréchal Nie Rongzhen, qui contrôle les activités stratégiques de la Chine, obtient du gouvernement la création d'une organisation de tutelle spéciale pour les fusées et l'arme atomique : la Commission pour la Science, la Technologie et l'Industrie de la Défense Nationale (CSTIDN). Cette commission renforce la coordination de tous les établissements impliqués dans la R&D chinoise et préserve le développement des fusées pendant la désastreuse "expérience économique" du Grand Bond en avant.

À partir d'avril 1958, la construction d'une infrastructure de lancement au Nord du pays constitue le premier acte du programme spatial chinois. Cette base, située en plein désert (40°58'N et 100°13'E) à proximité des installations du programme nucléaire, est utilisée à partir de 1960 pour

17 – **Iris CHANG**, op. cit., p. 213.

18 – Entre 1958 et 1960, le Grand Bond en avant constitue une tentative effrénée d'accélération du développement industriel et économique de la Chine. C'est un échec complet qui se traduit par la disparition, pour cause de famine et de répression, de 20 millions de personnes. À cette mortalité non naturelle, s'ajoute un déficit de naissances estimé à 30 millions d'individus. Pour le Parti Communiste chinois, le Grand Bond en avant correspond à un mouvement de mobilisation politique sans précédent : on assiste à une fusion des institutions du Parti et de l'Etat. Ce programme économique rejoint les nombreuses tentatives manquées du développement des pays du Tiers Monde. Des échecs provoqués par des modèles théoriques de développement erronés (Bernis, Lewis, etc.).

lancer des fusées R-2 soviétiques (V-2 améliorées [19]) et leurs copies chinoises dénommées "1059". En parallèle, les Chinois réalisent leurs premières fusées-sondes (T-7, T-7A et Peace). Toutes ces expériences permettent à la Chine d'accumuler les compétences en fuséologie, dans les équipements scientifiques pour explorer l'espace et pour la récupération des charges utiles. Les fusées-sondes explorent aussi la haute atmosphère en transmettant des données essentielles pour les futurs concepteurs de satellites.

Mais les fusées-sondes ont des performances limitées. Elles effectuent des bonds suborbitaux qui culminent à 311 km en août 1966. En outre, elles transportent des charges utiles légères qui n'excèdent pas 100 kg. Pour placer des satellites en orbite ou transporter des charges nucléaires, les Chinois doivent concevoir des engins entièrement nouveaux, beaucoup plus performants. Pour ce faire, ils développent le missile "Vent d'Est" ou DF (Dong Feng) selon la terminologie chinoise [20]. Cinq missiles sont développés pour atteindre successivement le Japon, les Philippines, l'île de Guam et le continent américain.

Progressant à tirs feutrés et fusées mouchetées, les Chinois augmentent progressivement la performance et la fiabilité de leurs nouvelles fusées. Le 29 mai 1964, un missile DF-2 franchit la distance de 1 050 km. Un an plus tard, une version très modernisée ajoute 200 km de portée. Cet engin, dénommé DF-2A, est utilisé le 27 octobre 1966 pour une expérience inédite et très risquée : le lancement d'une véritable bombe nucléaire de 12 kT [21]. L'expérience est un succès lorsque le missile et la charge explosent dans un désert de la province de Xinjiang. Deux mois plus tard, le jour du 73e anniversaire de Mao, la Chine effectue le tir inaugural du missile DF-3 d'une portée de 2 650 km [22].

19 – La fusée V-2 fut développée par l'Allemagne pendant la seconde guerre mondiale. Cet engin de "représailles" (traduction française du V-2) fut réalisé en plusieurs milliers d'exemplaires pour être utilisé essentiellement contre le Royaume-Uni. A la fin de la guerre, les Américains et les Soviétiques ont récupéré plusieurs V-2 pour faire progresser leurs connaissances dans le domaine des fusées et accéder à l'astronautique.

20 – Le nom des premiers missiles chinois a été donné en référence à un discours de Mao de 1957 où il affirme : *« Le vent d'Est prévaut sur le vent d'Ouest »*.

21 – Les Chinois prenaient tous les risques pour mettre au point leurs fusées. Au salon astronautique de Pékin en 1998, un représentant de l'industrie chinoise des lanceurs affirmait que certains engins balistiques avaient été testés en trajectoire horizontale basse pour éviter que les radars soviétiques ne les détectent.

22 – **Jacques LARANT**, "Missiles : la Chine dans la cour des grands", in *Science et Vie* n°989, Paris, 02/00, pp. 120 à 128.

▪ La Chine à l'heure des révolutions (culturelle et orbitale)

Entre temps, en août 1965, le programme spatial chinois prend un nouvel essor avec le développement, dans le cadre du Projet 651, du premier satellite, son lanceur et le segment sol associé. Dénommé SKW-1 (Shiyan Kexuedi Weixing) par les ingénieurs et "l'Orient est Rouge" par les politiques, le satellite doit effectuer une mission technologique et diffuser un chant patriotique. Le Projet 651 est conçu pendant la Révolution Culturelle [23]. Les dommages de cette agitation politique sont incalculables mais la Chine n'a jamais été totalement paralysée [24]. C'est le cas du secteur spatial qui fut relativement préservé des troubles publics par des décrets gouvernementaux. Ainsi, malgré quelques actions radicales des Gardes Rouge [25] contre des établissements de haute technologie, le développement du premier satellite chinois et son lanceur continuent respectivement sous l'égide des 5e et 1re Académies. La réorganisation des activités spatiales chinoises, pendant la Révolution Culturelle, transforme en 1967 la 1re Académie en Académie chinoise de la technologie des lanceurs (acronyme anglais CALT pour China Academy of Launch Vehicle Technology). Un an plus tard, l'Académie n°5 devient l'Académie chinoise de technologie spatiale (acronyme anglais CAST pour China Academy of Space Technology).

Le vecteur de charge nucléaire DF-4 - CSS-3 (China Surface to Surface) selon la désignation anglo-saxonne – constitue les deux premiers étages d'une fusée qui devient lanceur de satellite avec l'adjonction d'un troisième étage à poudre. La première tentative de tir intervient vraisemblable-

23 – L'origine de la Révolution Culturelle peut occuper longtemps les historiens et les sinologues. Mais il est indéniable que l'échec - ou plutôt la catastrophe économique - du Grand Bond en avant et le maintien de l'ancienne bourgeoisie à des postes clés ont une part importante dans le projet politique de Mao. Le Grand Timonier estime que sa mission politique ne se limite pas à la victoire du Parti. Il souhaite détruire l'appareil du Parti en manipulant les masses et l'armée. Le maoïsme se révèle dans la Révolution Culturelle : initiatives aux masses, égalité des citoyens, mise à l'honneur du travail manuel et de la vie à la campagne, condamnation du luxe, etc. Pour reprendre l'expression d'Alain Peyrefitte dans son célèbre *Quand la Chine s'éveillera* (Fayard, 1973), le marxisme chinois devient, à cette époque, une sorte de religion du peuple ; le peuple est Dieu et Mao est son prophète... Commencée en 1966, la Révolution Culturelle plonge la Chine dans le chaos un an plus tard. C'est le "grand bond en arrière". Les troubles sociaux et politiques se prolongent jusqu'en 1976 et la mort de son inspirateur. Aujourd'hui, les Chinois considèrent que leur pays « a perdu une décennie » en matière de développement et de progrès économique avec cette "révolution".

24 – **Alain PEYREFITTE**, *La Chine s'est éveillée*, Librairie Arthème Fayard, Paris, 1996, p. 55.

25 – Pendant la Révolution Culturelle, les Gardes Rouge étaient principalement constitués de la jeune génération, souvent très jeune. Leurs actions désorganisent l'État chinois à la fin des années 1960.

ment le 1er novembre 1969. Ce jour-là, les auditeurs de Radio Pékin sont avertis qu'une information importante va leur être communiquée. Des *dàzibào* [26] annonçant le lancement du premier satellite chinois sont même placardés. Quelques heures plus tard, ils sont retirés. Le lancement s'est sans doute soldé par un échec [27].

En définitive, le 24 avril 1970, la Chine met en orbite son premier satellite qui prend la désignation de Dong Fang Hong-1 (DFH-1). À cette occasion, la fusée est révélée, il s'agit de la Longue Marche-1 ou Chang Zheng-1 (CZ-1) en chinois [28]. Cette réussite clôture quinze ans d'efforts et permet à la Chine de se hisser dans le club des puissances spatiales à la cinquième place après l'Union Soviétique (1957), les États-Unis (1958), la France (1965) et le Japon (1970).

Une page est tournée, la Chine continentale peut envisager des expériences plus audacieuses.

26 – On peut traduire *dàzibào* par "annonces en grands caractères". En fait, il s'agit d'affiches collées dans les lieux publics pour éduquer la population et influencer l'opinion publique. En Chine, le *dàzibào* est une forme de communication traditionnelle.

27 – **Philipp S. CLARK**, "The Chinese Space Programme", in *Journal of British Interplanetary Society* vol. 37 (JBIS), Londres, 1984, pp. 195 à 206.

28 – Le nom des lanceurs chinois est emprunté à l'action politique majeure qui allait conduire les communistes chinois au pouvoir. La Longue Marche symbolise la résistance des troupes communistes en lutte contre l'armée nationaliste. - La traduction Chang Zheng, ou CZ, sera conservée dans la suite du texte.

3

La Chine, puissance spatiale autonome

Dans les années 1970 - Après le vent d'Est, le vent des réformes - Les activités spatiales chinoises à l'heure du capitalisme rouge - L'Empire devient céleste

Le premier lancement du satellite chinois est réalisé six ans après la première bombe atomique chinoise. Ce succès est à peine remarqué à l'apogée de la compétition lunaire américano-soviétique. Mais il rappelle que l'astronautique n'est plus le privilège des superpuissances. La Chine, qualifiée à cette époque de *"grande puissance pauvre"*, souhaite à son tour maîtriser toutes les technologies spatiales à des fins civiles et militaires.

▪ Dans les années 1970

Dans le tumulte de la Révolution Culturelle, plusieurs projets sont en cours de développement à la fin des années 1960. La RPC initie des travaux sur le lanceur CZ-2, les satellites scientifiques, les satellites d'intelligence électronique et les satellites récupérables. C'est aussi pendant cette période, en 1968, qu'un établissement de recherche sur les vols habités est créé : l'Institut de Médico-Ingénierie Spatiale (acronyme anglais ISME pour Institute of Space Medico Engineering) [29]. Une utopie technologique et scientifique, sur laquelle nous reviendrons, qui en vaut bien une autre dans cette époque tourmentée (*cf.* chapitre 4).

Le développement des fusées est poursuivi par les Chinois qui souhaitent augmenter la performance de leurs missiles (>10 000 km de portée) et de leurs lanceurs. Le projet DF-5, susceptible de déclasser le DF-4, est confié à deux bureaux d'études. La CALT se voit confier la réalisation du nouvel ICBM (Intercontinental Ballistic Missile) qui sera nommé CZ-2. Pour la

29 – **Richard deMEIS**, "China's Coming of Age in Space", in *Aerospace America*, Washington, Mai 1988, pp. 40 à 43.

première fois, dans le domaine des fusées, la ville de Pékin est concurrencée par la ville de Shanghai. Selon les directives de Jiang Qing – l'épouse de Mao – le second projet DF-5 est étudié par un établissement créé en 1969 : le Bureau d'Astronautique de Shanghai.

Le lanceur de Shanghai, dénommé FB-1 (Feng Bao ou « tempête »), est utilisé à plusieurs reprises avec un faible niveau de fiabilité. Ce n'est pas le cas du CZ-2 et ses dérivés, très proches du FB-1, mais beaucoup plus performants.

Dans les années 1970, les lanceurs CZ-1, CZ-2 et FB-1 sont utilisés pour mettre en orbite les satellites Shi Jian (SJ), Ji Shu Shiyan Weixing (JSSW) et Fanhui Shi Weixing (FSW).

- ***Satellites technologiques SJ*** – Le 3 mars 1971, le lancement de SJ-1, avec une CZ-1, inaugure la série des satellites technologiques avec lesquels les Chinois mettent au point leurs engins spatiaux. Les satellites SJ sont utilisés pour valider des technologies spatiales et explorer l'environnement orbital. Ces missions sont préparées par le Centre pour les sciences spatiales et la recherche appliquée (acronyme anglais CSSAR pour Center for Space Science and Applied Research).

- ***Satellites expérimentaux JSSW*** – Le rôle des satellites JSSW est encore mystérieux. Mais la plupart des spécialistes, comme Phillip S. Clark de ***Jane's***, estiment que les JSSW expérimentaient les techniques d'écoute électronique. Le développement des JSSW fut abandonné après la disparition de Mao et plusieurs échecs de leur mise en orbite par le lanceur FB-1. Comme ce dernier, les JSSW étaient réalisés par le Bureau d'Astronautique de Shanghai [30].

- ***Satellites récupérables FSW*** (*cf.* chap. 4) – Les recherches nucléaires et spatiales chinoises fusionnent avec les satellites récupérables FSW. Forte de ses compétences dans le domaine des ogives de missile, la Chine développe ces véhicules dès la fin des années 1960. En novembre 1975, le lancement (CZ-2) et la récupération du premier satellite FSW permettent à la Chine d'accéder au club des "récupérateurs" d'engins spatiaux après l'URSS et les États-Unis. Quatre FSW

30 – **Phillip S. CLARK**, "Review of the Chinese Space Programme", in *JBIS* vol 52, Londres, 1999, pp. 350 à 376.

de première génération sont mis en orbite avant 1980. La mission des FSW, civile et militaire, concerne l'observation de notre planète. Les capsules sont récupérées, sur la terre ferme, après quelques jours de vol spatial[31].

Pendant l'agonie de la Révolution Culturelle et jusqu'à l'ère des réformes, les lancements sont rares. De toute évidence, le programme spatial chinois ne s'est pas développé à la même cadence que l'arme atomique. Les enjeux sont différents. L'arme nucléaire s'impose aux dirigeants chinois pour assurer l'indépendance de leur pays et lui redonner une certaine prééminence dans le concert des nations. En revanche, les activités spatiales sont moins stratégiques. L'espace doit être utile à la Chine même s'il peut, le cas échéant, assurer une certaine image de marque. Les ambitions spatiales de Mao Zedong ne peuvent être réalisées dans un pays qui est encore en voie de développement. Toutes les premières spatiales ont déjà été réalisées par les superpuissances de la planète et l'Empire du Milieu n'a pas les moyens d'ajouter d'autres exploits célestes.

Après la "convalescence" de la Révolution Culturelle et la mort de Mao Zedong, les projets prestigieux sont abandonnés, reportés à des jours meilleurs, au profit d'applications spatiales plus utiles. Les réformes de Deng Xiaoping bouleversent la Chine et toutes ses composantes, y compris l'astronautique (*cf.* chapitre 4).

▪ Après le vent d'Est, le vent des réformes

La disparition de Mao Zedong, en septembre 1976, entraîne des transformations politiques majeures. L'arrestation des radicaux de la "Bande des Quatre" met un terme à la Révolution Culturelle. L'accession de Deng Xiaoping (appelé aussi le "Petit Timonier") à la tête de la Chine en 1978, après l'interrègne néo-maoïste de Hua Gofeng (1976 - 1978), inaugure une ère nouvelle. Elle est marquée par des changements institutionnels et économiques radicaux. L'économie l'emporte sur l'idéologie, la Chine renonce à l'utopie, la fête révolutionnaire est terminée.

Les réformes succèdent aux réformes. Le renouvellement des cadres du Parti modernise le fonctionnement politique de la Chine. Mais en conser-

31 – Le programme FSW ressemble beaucoup au programme américain Corona développé et exploité au début des années 1960.

vant sa doctrine marxiste-léniniste, celui-ci ne s'ouvre pas à la démocratie à l'Occidentale. Les changements concernent surtout l'économie. Les décisions prises dans ce domaine démontrent, pour la première fois, le désir de favoriser l'économie de marché et d'ouvrir davantage sur l'étranger un pays qui était demeuré clos pendant plus de vingt ans.

Au début des années 1980, la Chine adhère au FMI (Fonds Monétaire International) et ouvre des zones économiques spéciales sur le littoral pour attirer les investisseurs étrangers. En parallèle, l'agriculture et le petit commerce sont privatisés. Mais le décollage économique des campagnes n'est pas équivalent à celui des provinces côtières qui s'enrichissent rapidement.

En ce qui concerne la science, Deng Xiaoping déclare en 1979 : *« Les techniques de gestion des pays capitalistes, et surtout les diverses méthodes servant à développer la science et la technologie appartiennent au patrimoine de l'humanité. Il n'y a pas de raison que l'on ne puisse pas en faire bon usage dans une Chine socialiste. Encore nous faudra-t-il restructurer l'économie nationale de manière à y intégrer ces techniques. »* [32]

Les réformes de Deng Xiaoping pour le secteur militaire, dont dépendent très largement les activités spatiales, concernent son adaptation à l'économie de marché. Le gouvernement chinois souhaite que le complexe militaro-industriel serve de moteur au développement économique de la Chine en étant la base d'un tissu industriel puissant capable de répondre aux exigences des marchés civils. Pour le secteur spatial, placé en 1982 sous la tutelle de la COSTIND (Commission of Science, Technology and Industry for National Defense) [33], ces changements se traduisent par des diminutions sensibles des budgets et une certaine dévalorisation des personnels (pertes de privilèges et rémunérations plus faibles par rapport au secteur privé).

Les états d'âme des ingénieurs chinois ne perturbent pas le programme spatial qui connaît de nouveaux développements dans les années 1980. Le transport spatial se dote de deux nouveaux lanceurs : CZ-3 et CZ-4. La

32 – "La Chine en construction", *Le monde actuel en question* (géographie terminale), Éditions Magnard, Paris, 1982, pp. 245 et 246.

33 – La COSTIND a été créée en 1982 par la fusion du CSTIDN avec le Bureau de l'industrie de la défense nationale (acronyme anglais NDIO). Contrôlée par le Conseil d'Etat de la Chine Populaire, la COSTIND est responsable des activités aérospatiales, des armes stratégiques, des sites de lancement et des stations de poursuite chinoises et ses principaux organismes de tutelle sont : la CASC (China Aerospace Science and Technology Corporation) et l'Agence spatiale chinoise (China National Space Administration).

CZ-3, qui comporte un troisième étage à propulsion cryogénique [34], a été conçue, à partir de 1976, pour placer des satellites de télécommunications en orbite géostationnaire. La CZ-4 vise des orbites polaires basses pour la météorologie.

• ***Les satellites de télécommunications*** – Le développement des télécommunications spatiales (satellites et segment sol) est initié dès le début des années 1970. Mais c'est en 1975 que le Conseil d'Etat de la RPC adopte officiellement ce programme [35]. En 1978, le satellite de télécommunications franco-allemand Symphonie est utilisé par la Chine pour expérimenter les liaisons par téléphone, télévision, facsimilé, etc. Quatre ans plus tard, des transpondeurs d'Intelsat sont utilisés pour les mêmes expérimentations. Au milieu des années 1980, les télécommunications par satellite deviennent prioritaires pour le gouvernement chinois. Utilisés à des fins civiles et militaires, les satellites permettent d'améliorer sensiblement les communications dans une Chine très vaste [36] et au réseau terrestre vétuste. Le programme de satcoms. est développé progressivement :

– Phase-1 : utilisation des transpondeurs d'Intelsat et développement du segment sol et des équipements de télécommunications associés ;
– Phase-2 – utilisation des satellites de télécommunications construits et lancés par la Chine et location de transpondeurs sur des satellites étrangers pour compléter les systèmes nationaux de télédiffusion ;
– Phase-3 – exploitation d'un réseau national de télécommunications spatiales à haut débit.

Le premier satellite expérimental de télécommunications chinois est lancé le 29 janvier 1984 avec la nouvelle CZ-3. Mais placé sur une orbite trop basse, il est inutilisable. Les premières liaisons opération-

34 – La maîtrise de la propulsion cryogénique est une étape majeure pour le programme spatial chinois. L'utilisation de l'oxygène et de l'hydrogène liquides offre un gain de performance sensible par rapport aux moteurs-fusées classiques. Le rendement de la propulsion cryogénique est maximal dans le vide. Pour cette raison, ce type de moteur-fusée est souvent employé sur les derniers étages des lanceurs (Ariane-4, Atlas-Centaur, etc.). En 1984, la Chine est la troisième puissance spatiale qui utilise la propulsion cryogénique après les Etats-Unis et l'Europe. L'URSS maîtrisera cette technologie trois ans plus tard avec le lanceur lourd Energia.

35 – **Barry PATERSON**, *China's Space Program and its Applications for the United States*, a research report submitted to the faculty in fulfillment of the curriculum requirement, Maxwell Air Force Base, Alabama, 19/04/95, p. 4.

36 – La Chine continentale est le troisième pays du monde pour sa superficie : 9 596 961 km^2.

nelles (téléphone et TV) sont assurées par le second satcom. de la RPC (STTW-A/DFH-2/Chine-15) qui est mis en orbite au printemps de 1984. Trois autres satellites de télécommunications sont lancés en 1986 et 1988 par des CZ-3. Les deux derniers inaugurent la série Chinasat qui constitue le premier réseau chinois de télécommunications par satellites.

• ***Les satellites de météorologie*** – Feng Yun-1A (Vent et Nuage), le premier satellite de météorologie chinois, est lancé en septembre 1988. Conçu par le Bureau d'Astronautique de Shanghai, devenu SAST (Shanghai Academy of Spaceflight Technology), cet engin spatial était attendu depuis plusieurs années par les météorologues chinois pour mieux prévoir et suivre les évènements météorologiques qui sont à la base des typhons et des grandes inondations qui affectent souvent l'Asie Orientale.

En dehors de ces deux nouvelles catégories d'engins spatiaux, la Chine continue de lancer quelques satellites scientifiques et technologiques (observation du Soleil et de l'ionosphère et ballon spatial filoguidé) et des véhicules récupérables. Une nouvelle génération de FSW est mise en service en 1987 pour accomplir des missions d'observation et des recherches en microgravité. Certaines expériences embarquées à bord des capsules récupérables sont commercialisées, c'est une première [37].

D'une manière générale, la commercialisation des activités spatiales chinoises constitue la tendance lourde des années 1980. Elle se manifeste surtout au niveau du transport spatial. La mise en service des lanceurs CZ-3 et CZ-4 et des bases de lancement associées – Xichang [38] et Taiyuan [39] – hisse le transport spatial chinois au niveau international. Influencés par le succès croissant de la société Arianespace, qui commercialise les lanceurs européens Ariane, les responsables des activités spatiales chinoises attribuent la commercialisation des lanceurs à China Great Wall Industry Company (CGWIC). A partir de 1985, cet organisme se « distingue » en proposant ses lanceurs (CZ-2, CZ-3 et CZ-4) avec un tarif 15 à 20 % infé-

37 – Pierre **LANGEREUX**, "Expériences françaises sur le satellite chinois d'observation Chine-20", in *Air et Cosmos* n°1153, Paris, 29/08/87, p. [?].

38 – Xichang est située dans la province de Sichuan au sud-ouest de la Chine (28,2°N - 102°E).

39 – La base de lancement de Taiyuan est située dans la province de Shanxi, au sud de Pékin (38,8°N - 115°E).

rieur à celui de la concurrence [40]. Les opérateurs de télécommunications Aussat (Australie) et Asiasat (Hong Kong) sont les premiers clients de CGWIC [41]. Le choix de la société de transport spatial chinoise provoque beaucoup "d'agitation" chez les Occidentaux et conduit les Américains à adopter de nouvelles règles pour le transfert des technologies sensibles vers la Chine (International Traffic in Arms Regulations). Les États-Unis établissent aussi des quotas de lancement des satellites étrangers (tous équipés de technologies occidentales) en orbite géostationnaire avec des fusées chinoises [42]. En 1988, les Américains décrètent un quota de onze satellites pour la période 1988-1994 [43]. En 1995, ce quota est reconduit pour la période 1995-2001 [44].

Malgré ces limitations, la Chine peut s'enorgueillir de lancer ses premiers satellites étrangers avec des CZ-3 et une nouvelle fusée encore plus puissante – la CZ-2E – dont le premier vol intervient en juillet 1990. Dans la dernière décennie du XXe siècle, le nombre des tirs chinois augmente sensiblement. Le niveau du transport spatial chinois ne dépasse pas celui des superpuissances mais paraît déjà plus dynamique que celui du Japon qui est souvent limité à deux tirs par an.

▪ Les activités spatiales chinoises à l'heure du capitalisme rouge

Lorsque Deng Xiaoping disparaît le 19 février 1997, sa "contre-révolution culturelle" n'est pas achevée mais la Chine a cessé de faire partie du tiers-monde. Les "quatre modernisations" de l'industrie, de l'agriculture, des sciences et techniques et de la défense – souhaitées par Zhou Enlai et décrétées par Deng Xiaoping en 1978 – ont déjà produit des résultats édifiants. L'ouverture de la Chine à l'économie de marché, qui contourne le dogme communiste, selon la célèbre formule de Deng – *« Peu importe la*

40 – **Pierre LANGEREUX**, "La Chine commercialise ses fusées CZ-2 et CZ-3 à prix préférentiel", in *Air et Cosmos* n°1097, Paris, 24/05/86, pp. 43 et 47.

41 – [?], "US Approval of Chinese Launches Determined by Value of Satellite", in *AWST*, New York, 3/10/88, pp. 25 et 28.

42 – [?], "US Asks for Quota on Chinese Launchers", in *AWST*, New York, 5/12/88, p. 32.

43 – **Craig COVAULT**, "China Agrees to Launch Marketing of Long March booster in US", in *AWST*, New York, 2/01/89, p.37.

44 – **Christian LARDIER**, "Onze lancements commerciaux pour la Chine", in *Air et Cosmos* n°1505, Paris, 10/02/95, p. 39.

Les lanceurs commerciaux chinois

De gauche à droite, les plus puissants lanceurs chinois commercialisés par CGWIC : CZ-3B, CZ-2E, CZ-4, CZ-3A et CZ-3.

Les Lanceurs Chinois

Lanceur	CZ-2C	CZ-2D	CZ-2E	CZ-3	CZ-3A	CZ-3B	CZ-4
Long (m)	40	37,7	49,7	44,6	52,5	54,8	45,8
Masse (t)	213	233	460	204	241	425,8	249,2
Poussée (kN)	2962	2962	5923	2962	2962	5923	2962
⌀ coiffe (m)	2,6/3,3	2,9	4,2	2,6/3	3,35	4/4,2	2,9/3,3
Ergols E-1 et E2	UDMH /N2O4	UDMH /N2O4	UDMH /N2O4	UDMH /N2O4	UDMH /N2O4	UDMH /N2O4	UDMH /N2O4
Ergols E3				LOX/ LH2	LOX/ LH2	LOX/ LH2	LOX/ LH2
Boosters			UDMH /N2O4				UDMH /N2O4
Mission	LEO (3,36t)	LEO	LEO(9,5t) GTO	GTO	GTO (2,7t)	GTO (5,2t)	SSO
Coût de lancement (M $)	?	20	50	40	45	70	30

D'après la plaquette commerciale de China Great Wall Industry Corporation

(l'opérateur des lanceurs Longue Marche) – 1988

Bases de lancement et principaux centres de contrôle

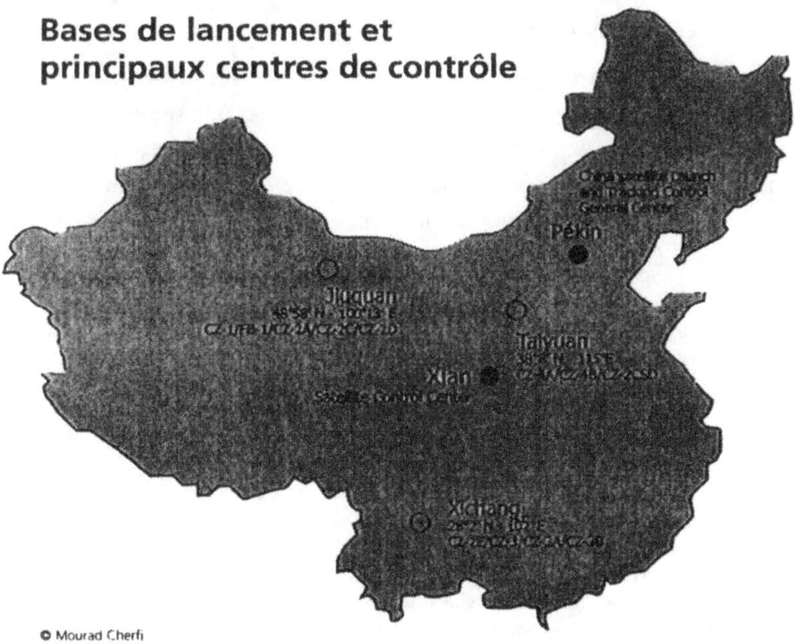

couleur du chat, pourvu qu'il attrape les souris » –, s'est traduite par une croissance annuelle exceptionnelle proche de 10 % depuis 20 ans [45]. Une croissance qui n'a pas été perturbée par la répression politique du printemps 1989. A la différence de l'URSS, qui a libéré son économie et son régime politique (époques de la *Glasnost* et de la *Perestroïka*) sans créer de dynamique, les autorités de Pékin profitent des évènements de la Place Tiananmen pour revenir à une certaine orthodoxie marxiste. Un ordre, en fait, qui favorise, sinon amplifie la transformation économique de l'Empire du Milieu.

Toute la Chine ne s'est pas enrichie pour autant. Des centaines de millions de personnes ont un niveau de vie très bas (près de 300 M de personnes ne perçoivent qu'un dollar par jour [46]) et une éducation scolaire "primaire" [47]. Mais en 20 ans, une classe moyenne est apparue. Estimée entre 60 et 70 M. de personnes, son influence économique et politique ne cesse de croître. La "bible jaune" des années 1960 – le petit livre rouge - n'est plus qu'une relique pour les touristes en mal d'exotisme. Dans la Chine des années 1990, la pensée de Mao Zedong n'a plus cours. A l'aube du XXIe siècle, le vecteur du progrès, c'est l'argent. Après avoir été honni par les communistes pendant des décennies, les Chinois l'ont adopté comme la nouvelle valeur fondamentale.

Le capitalisme "à la mode chinoise" a envahi tous les secteurs d'activité. L'astronautique de l'Empire du Milieu n'échappe pas à la règle. La rentabilité des activités spatiales (production et services) est exigée par le gouvernement. Le secteur le plus lucratif est encore, et sans aucun doute, le transport spatial. Les lanceurs commerciaux CZ-3 et CZ-2E sont complétés par les CZ-1D, CZ-2C, CZ-2D (LEO) et CZ-3B (GEO). Les charges utiles chinoises ou étrangères, mises en orbite par ces lanceurs, concernent surtout les télécommunications. En Chine, le succès des télécommunications et de la télédiffusion par satellite est assuré par les opérateurs de Hong Kong avant la rétrocession de la colonie britannique en 1997. Bravant l'interdiction de posséder des antennes paraboliques, les Chinois du continent

45 – **Jean-Luc DOMENACH** et **Philippe RICHER**, *La Chine - Tome-2 - De 1971 à nos jours*, Éditions du Seuil, Paris, 1995.

46 – **Mark L. CLIFFORD**, "Can China Reform its Economy ?", in *Business Week*, 29/09/97, p. 120.

47 – Malgré les statistiques officielles, les interlocuteurs chinois et occidentaux, qui ont souvent parcouru la Chine, affirment que l'analphabétisme est encore très répandu. Moins du tiers de la population aurait reçu un niveau d'éducation scolaire satisfaisant.

se dotent de tels matériels pour capter les programmes occidentaux toujours synonymes de modernité. À partir de 1997, le célèbre lanceur CZ-2 est utilisé dans sa version "C/SD" pour placer en orbite basse les satellites de la constellation Iridium de l'Américain Motorola. De ce fait, le cosmodrome de Taiyuan voit son activité s'accroître sensiblement avec des tirs vers l'orbite basse qui ne sont pas soumis aux quotas américains.

Le développement des activités spatiales commerciales conduit les Chinois à coopérer avec de nombreux pays pour la réalisation d'expériences, d'équipements spatiaux ou de programmes complets. Par exemple, les capsules récupérables, dont la troisième génération apparaît en 1992, transportent systématiquement des expériences commerciales en microgravité. Mais la coopération la plus célèbre est sans conteste le projet CBERS (China Brazil Earth Resources Satellite) réalisé avec le Brésil. Cette coopération a été renforcée en 2000 : deux nouveaux satellites d'observation CBERS compléteront les deux premiers exemplaires.

Le programme spatial national chinois comprend toujours les satellites de météorologie Feng Yun ; le premier exemplaire géostationnaire est lancé en 1997. Par ailleurs, l'exploration de l'environnement spatial et les développements des technologies exploratoires sont poursuivis avec les satellites scientifiques et technologiques. Dans les années 1990, les Chinois mettent en orbite des ballons Qi Qui Weixing (QQW) pour étudier la haute atmosphère et plusieurs maquettes de satellites (Chine-27, KF-1, etc.).

▪ L'Empire devient céleste

Depuis 1998, le nouveau gouvernement du Président Jiang Zemin est dirigé par le Premier Ministre Zhu Rongji. Ce dernier souhaite imprimer un nouvel élan aux réformes de Deng Xiaoping. Pour ses dirigeants, la Chine, toujours communiste, doit davantage se rapprocher de l'Occident quant au fonctionnement de son économie, de son industrie, de sa science et de sa défense.

Les activités civiles et commerciales (satellites de télécommunications et transport spatial) s'éloignent quelque peu du contrôle militaire de la puissante COSTIND. Mais la situation économique de la Chine du Neuvième Plan (1996-2000) n'a jamais été aussi favorable au développement des projets spatiaux nationaux souvent couverts par le secret et les militaires. Ces projets comprennent des satellites d'observation de la Terre, des satellites de télécommunications et de navigation, des satellites scientifiques et d'exploration de l'espace, des satellites militaires et bien évidemment des vols spatiaux habités.

• ***Observation de la Terre*** – Cette mission était assurée, depuis le milieu des années 1970, par les véhicules spatiaux récupérables FSW à faible durée de vie. Aujourd'hui, ils sont remplacés par les satellites sino-brésiliens CBERS ou chinois Ziyuan (ZY) mis en orbite respectivement le 14/10/00 et le 01/09/00. Les plates-formes d'observation optiques civiles et militaires Ziyuan seront complétées par des satellites radar en cours de développement à la CAST depuis 1997. Cet établissement étudie aussi, avec l'Allemagne (EADS) et les États-Unis (Spar), un satellite de télédétection radar. Par ailleurs, l'université de Tsinghua a réalisé, avec la société britannique Surrey Satellite Technology Limited (SSTL), le microsatellite Tsinghua-1, le prototype d'une constellation de sept petits satellites dédiés à la prévention et à la surveillance des catastrophes. Enfin, dans le domaine de l'océanographie, l'Institut de Shanghai pour l'Ingénierie des Véhicules spatiaux réalise les satellites Haiyang (Océan) dont le premier exemplaire est attendu en 2002.

• ***Satellites de télécommunications*** – La Chine poursuit la modernisation de ses satellites de télécommunications avec le développement de la génération DFH-4 (5 t.) qui comprendra des équipements d'Alcatel Space (France).

• ***Satellites de relais de données*** – À l'instar des TDRSS (Tracking and Data Relay Satellite System) américains ou des Loutch/Altaïr russes, la Chine envisage de réaliser deux satellites géostationnaires capables de relayer simultanément les communications d'une dizaine d'engins spatiaux. L'étude et le développement de ces engins ont été confiés à l'Institut chinois de technologie électronique du sud-ouest.

• ***Satellites de navigation Beidou*** – Dans le domaine de la navigation, la Chine a généralisé l'emploi des systèmes américain GPS (Global Positioning System) et russe Glonass [48]. Mais depuis la fin de l'année 2000, elle dispose de son propre système régional de navigation par

48 – "Defense Department Details Chinese Military Space Capabilities and Plans", in *SpaceDaily*, Washington, 28/06/00 (http://www.spacedaily.com/news/china).

Les satellites d'observation chinois

Satellite de météorologie en orbite polaire
Feng Yun – 1.

Satellite de météorologie en orbite géostationnaire
Feng Yun – 2.

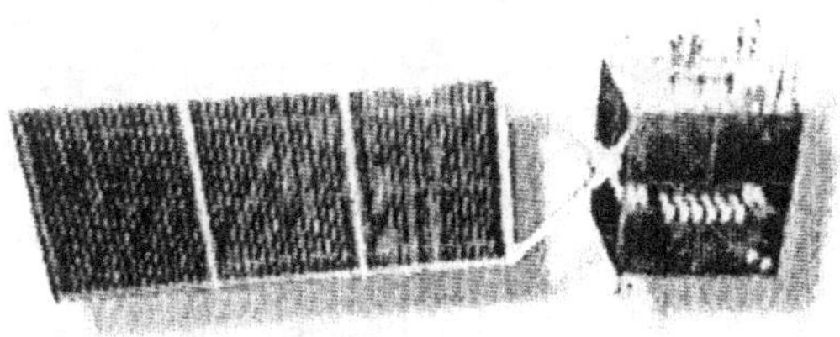

Satellite de télédétection des ressources terrestres
***Ziyuan**, dont la configuration se rapproche des engins sino-brésiliens CBERS.*

satellite. Deux Beidou[49] ont été mis en orbite par des lanceurs CZ-3A pour assurer une mission militaire (guidage des missiles) et civile[50].

• ***Science et exploration de l'espace*** – Plusieurs satellites Shi Jian ont été développés par la CAST pour étudier l'environnement spatial. Mais la Chine ne cache plus ses ambitions pour effectuer des missions planétaires. Depuis 1998, la Lune et la planète Mars sont souvent évoquées par les responsables du programme spatial chinois (*cf.* chapitre 11). Par ailleurs, un projet pour étudier la magnétosphère terrestre avec deux satellites est en cours de développement avec l'Agence spatiale européenne : Double Star.

• ***Espace militaire*** – D'aucuns affirment que toutes les activités spatiales chinoises ont des retombées militaires. La confidentialité, pour ne pas dire le secret, qui masque la plupart des projets, ne permet pas d'être aussi affirmatif. Par le passé, seuls les programmes JSSW (écoute électronique) et FSW (reconnaissance) exécutaient des missions militaires réelles. Au début du XXIe siècle, la Chine pourrait utiliser ses nouveaux satellites d'observation (CBERS, Ziyuan, Haiyang, etc.) à des fins militaires. Dans ce domaine, l'emploi des systèmes optiques et radars offrirait à la Chine des capacités de reconnaissance presque continues, un véritable progrès par rapport aux courtes missions orbitales des satellites récupérables FSW. Par ailleurs, pour oublier l'expérience malheureuse du programme JSSW et surveiller l'environnement "radioélectrique", la Chine devrait, selon les spécialistes, mettre en service de nouveaux satellites d'écoute électronique[51]. Enfin, le rapport Cox[52], qui a dénoncé l'espionnage des Chinois dans le domaine des

49 – En chinois, beidou signifie "Grande Ourse".

50 – **Cheng Ho**, "First Chinese Navsat in Operation", in *SpaceDaily*, Washington, 22/11/00 (http://www.spacedaily.com/news/china).

51 – **Richard FISHER**, "Heritage Report on China's 1998 Zhuhai Air Show", in *Heritage* Website, 1998 (http://www.heritage.org/exclusive/zhuhai).

52 – Le rapport de Christopher Cox (Représentant républicain de la Californie) a été rendu public et publié en mai 1999. Préparé par des parlementaires américains, cet étrange document dénonce les activités de renseignement chinoises dans le domaine des hautes technologies occidentales et surtout américaines. On y apprend, par exemple, que les Chinois auraient infiltré les grands laboratoires de recherche américains pour acquérir des technologies « exotiques ». Mais le rapport Cox n'est pas très objectif et manque de crédibilité ; plusieurs informations sont erronées ou falsifiées. On ne peut excuser leurs auteurs de la réinterprétation de certaines sources. Le travail d'analyse est grossier. En fait, le rapport Cox rappelle la "chasse aux sorcières" du maccarthysme avec l'URSS en moins et la Chine en plus. - **Francis DERRON**, "Pékin aurait acquis des technologies menaçant des intérêts américains", in *Le Monde*, Paris, 3/01/99; p [?].

armements stratégiques américains, rappelle que l'Empire du Milieu s'intéresse aussi aux armes antisatellites depuis le début des années 1980 [53]. Avec l'aide de la Russie, les militaires chinois développeraient des armes laser basées au sol ou dans l'espace comme aux "meilleurs moments" de la guerre froide. Récemment, le quotidien *Sing Tao* a révélé les travaux de la CAST sur des "satellites parasites". Ce système antisatellite très étrange comprendrait un véhicule spatial manœuvrant capable de fixer sur un engin spatial adverse de microscopiques machines. En cas de conflit, ces "parasites" seraient activés pour perturber le fonctionnement du satellite ennemi ou le détruire [54]. Enfin, en toute logique, le futur "arsenal spatial" chinois prendra en compte les nouvelles menaces apparues le 11 septembre 2001 (attentats terroristes aux États-Unis).

Ainsi, à la veille du XXIe siècle, la Chine semble en mesure de gagner son "pari" astronautique. Le Grand Dragon est devenu une puissance spatiale à côté de l'Occident et de la Russie. Une puissance qui vise désormais les vols habités et qui promet la Lune. En novembre 1999, le premier vaisseau chinois – dénommé Shenzhou – a célébré le cinquantième anniversaire de la RPC et quarante années d'efforts continus.

CGWIC

Lanceurs Longue Marche en cours d'assemblage.

53 – "China Pursued Research on Missile Defenses and Anti-missile Systems...", in *Military Space*, Arlington, 28/01/91, p. 4.

54 – **Cheng Ho**, "China Eyes Anti-satellite System", in *SpaceDaily.com*, 8/01/01 (wysiwyg://http://www.spacedaily.com/news).

Les niveaux de développement de l'astronautique chinoise

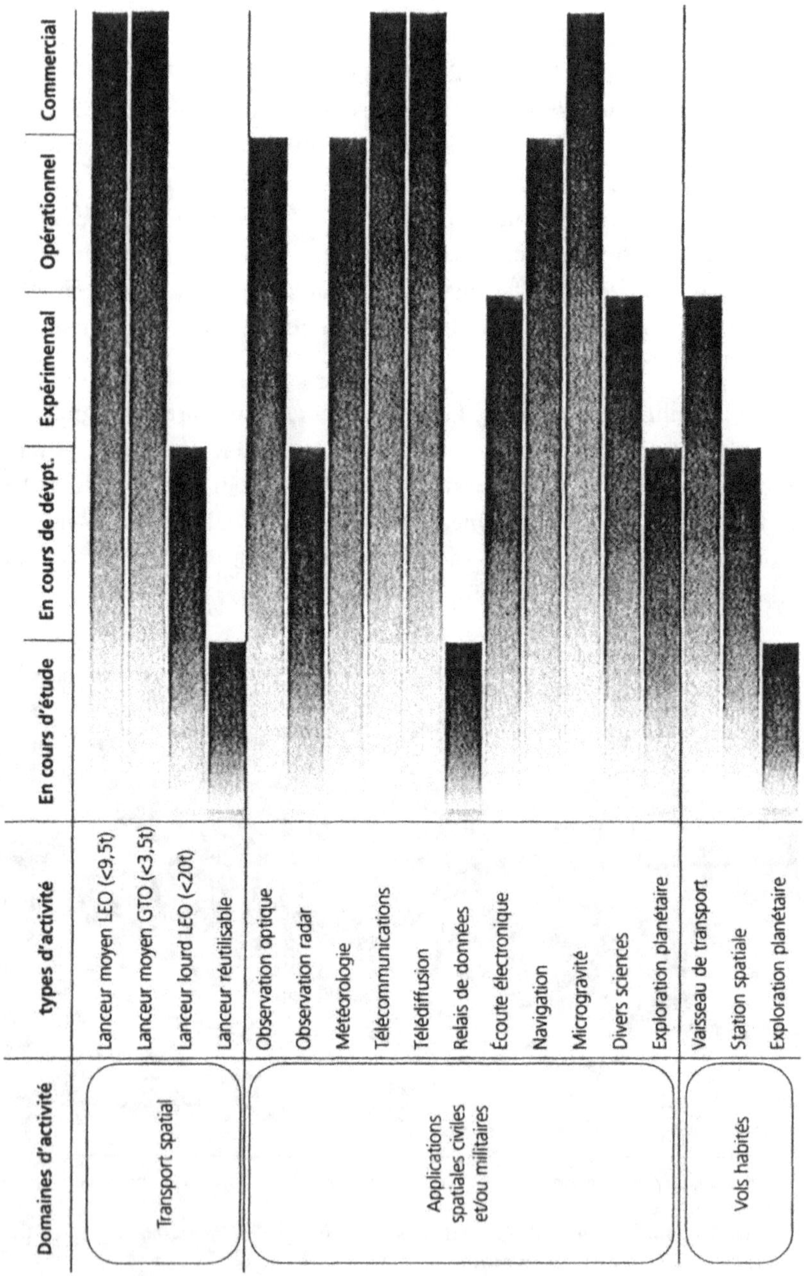

4

Le premier programme spatial de vol habité chinois

Genèse des vols habités chinois - Les premières expériences "biologiques" aux frontières de l'espace - Le programme de vol habité sous les affres de la Révolution Culturelle – Quelques histoires de capsules – La Chine dévoile son programme de vol spatial habité - Les cosmonautes chinois rangent leurs scaphandres - Les années 1980 : traversée du désert et renaissance

Après la description succincte de l'astronautique chinoise, ce chapitre regroupe, pour la première fois, toutes les informations concernant la première tentative de la Chine pour mettre en orbite terrestre des cosmonautes. Mais l'histoire des vols spatiaux habités du Céleste Empire est un exercice difficile. Ainsi, en raison du secret absolu, qui a couvert ces activités spatiales pendant plus de trente ans, ce récit est encore parcellaire [55].

▪ Genèse des vols habités chinois

Au début des années 1960, les premières incursions des cosmonautes soviétiques et américains dans l'espace déclenchent l'intérêt des responsables politiques chinois pour les vols habités. Comprenant qu'un nouveau domaine technologique est maîtrisé par les deux super-puissances de l'époque, Pékin souhaite renforcer son image de "nation révolutionnaire" en faisant parader ses cosmonautes autour de la Terre.

Alors que la Chine commence seulement à étudier les satellites artificiels, l'Académie des Sciences organise en juin 1961 un premier symposium sur les vols spatiaux [56]. Deux mois après l'incursion de Youri Gagarine dans

55 – Le premier programme spatial de vol habité a été révélé en novembre 2001 dans un article chinois intitulé : *"Envoyez des cosmonautes chinois dans l'espace !"*. Il a été diffusé sur le site Internet Sina.com.
56 – **Deng LIQUN, Ma HONG** et **Wu HENG**, *China Today : Space Industry*, Astronautic Publishing House, Pékin, 1992, p. 23.

l'espace, le vol habité tient une place prépondérante. Présidant à cette manifestation unique en Asie, avec Pei Lisheng et Zhao Jiuzhang, nous retrouvons Tsien qui rappelle les promesses du vol habité et les conditions qui président à sa réalisation. D'autres conférences sont réalisées jusqu'en 1964 pour former les ingénieurs chinois aux techniques spatiales et informer les responsables politiques des enjeux considérables de l'astronautique dans le contexte de la guerre froide.

En mai 1963, le problème de l'Homme dans l'espace est à nouveau évoqué à l'occasion d'un symposium sur le vol interplanétaire. Tsien est toujours un ardent promoteur des vols habités. L'ouvrage qu'il publie en décembre 1963 - *An Introduction to Interplanetary Flight*[57] - reprend les thèmes du symposium et expose ses visions sur l'occupation de l'orbite terrestre (vaisseaux et stations) et l'exploration du Système solaire par l'Homme. Personne en Chine ne mettrait en doute les projets du savant chinois au moment où les États-Unis et l'URSS accélèrent le développement de leurs programmes spatiaux.

En fait, le “grand bond en avant” réalisé dans le domaine nucléaire rejaillit sur l'astronautique chinoise. Le lancement d'un satellite ou l'accomplissement d'un vol habité constitue pour Pékin la suite logique de l'effort technologique entrepris par la Chine pour se doter de l'arme atomique. À la veille des premiers essais nucléaires, l'Empire du Milieu est confiant.

En août 1965, les plus hauts responsables chinois approuvent les propositions de Tsien pour doter la Chine de l'astronautique et confient à l'Académie des Sciences le soin de créer un “Comité des vols spatiaux” pour établir un programme cohérent et orienter les recherches. Ce Comité, dirigé par Zhu Kezhen, Pei Lisheng, Zhao Jiuzhang et Tsien, ordonne les premières études sur les problèmes du vol humain dans la haute atmosphère et l'espace avec l'aide du grand spécialiste de la médecine aérospatiale chinoise, Cai Qiao. Tous les domaines technologiques sont explorés :

– aérodynamique du véhicule spatial ;
– structure et matériaux ;
– contrôle thermique ;
– télécommunications.

Bien entendu, la récupération de l'engin spatial est prise en compte par

57 – **Iris CHANG**, op. cit., p. 226.

l'équipe qui a été chargée de concevoir les satellites récupérables, sous la direction de Zhao Jiuzhang et Qian Ji.

En mars 1966, en marge d'un grand congrès sur les activités spatiales de la Chine organisé par l'Académie des sciences, la conception du futur vaisseau habité fait l'objet de vives discussions. Dans le plus grand secret, Cai Qiao (vice-président de l'Académie militaire des sciences médicales), Bei Shizhang (directeur de l'Institut de biophysique de l'Académie chinoise des sciences médicales) et Shen Qizhen (président de l'Académie chinoise des sciences médicales) tentent de dresser le contour du vaisseau qui transportera le premier chinois dans l'espace. Mais ces fortes personnalités ne parviennent pas à s'entendre sur les objectifs scientifiques des vols spatiaux habités et surtout sur les recherches médicales qui devront être réalisées en préalable aux lancements de cosmonautes. En définitive, ils produisent un document très sommaire (quelques pages) pour l'autorité de tutelle, en l'occurrence l'Armée populaire de libération.

En mai 1966, d'autres conférences sont conduites sous l'égide des militaires pour évoquer les satellites d'application à caractère stratégique. Avant les télécommunications, la météorologie, la détection des explosions nucléaires, l'écoute électronique ou la navigation, c'est le satellite récupérable qui obtient la faveur des politiques pour poursuivre la conquête de l'espace au-delà des premiers satellites du Projet-651.

La conception de cette capsule, dans le cadre du Projet-911, est confiée à Wang Xiji. En fait, l'objectif affiché par les militaires concerne l'observation de la Terre. Les promoteurs des vols habités devront se contenter d'adapter l'aménagement de l'engin spatial afin d'y placer un cosmonaute. La réalisation du vaisseau est une chose mais la maîtrise du vol humain en orbite exige une parfaite connaissance de l'environnement spatial. Pour cette raison, la Chine s'est engagée dès 1964 dans la réalisation de vols suborbitaux “biologiques”.

▪ Les premières expériences biologiques aux frontières de l'espace

Les recherches sur la médecine spatiale sont confiées à l'Institut n°3 de l'Académie militaire des sciences médicales et à l'Institut de biophysique de l'Académie chinoise des sciences médicales. Ce dernier avait proposé dès 1963 de modifier une fusée-sonde T-7A pour effectuer des expériences biologiques aérospatiales sur des animaux. À l'instar des États-Unis et de l'Union Soviétique, la Chine souhaite déléguer à des organismes biologiques plus ou moins évolués le soin d'évaluer les dangers du vol spatial : fortes accélérations, chocs, bruits, apesanteur, environnement spatial, etc [58].

Trois fusées-sondes T-7A (S1) transportent chacune, en 1964 et 1965, quatre rats albinos, quatre souris albinos et douze tubes à essais avec des échantillons biologiques. Pendant le vol, les spécialistes de la médecine spatiale chinoise balbutiante peuvent effectuer des électrocardiogrammes. En outre, les rongeurs sont filmés pour étudier leurs comportements pendant les phases d'apesanteur. Au retour, des analyses de sang sont réalisées ainsi que des études sur les effets des radiations solaires. Ces expériences permettent aussi aux Chinois de tester des "caissons biologiques", leurs télémesures et leur récupération, une étape essentielle avant la réalisation d'une véritable cabine spatiale.

L'expérience acquise avec les premières fusées-sondes "biologiques" autorise des vols plus audacieux avec d'autres mammifères. La fusée T-7A est à nouveau modifiée en version S-2 pour recevoir un "caisson biologique" capable, cette fois-ci, d'abriter un chien, quatre rats albinos et douze tubes à essais. Le système de support-vie est sensiblement amélioré : distribution automatique de l'oxygène et contrôle de la densité du dioxyde de carbone. Par ailleurs, pour assurer un confort maximum aux animaux pendant le retour, l'Institut de biophysique et le 8e Institut de conception de Shanghai (maître d'œuvre des fusées-sondes) ajoutent, sur le nez de la fusée, des fenêtres munies de ventilateurs. Ces orifices s'ouvrent automatiquement lorsque la fusée atteint une certaine altitude.

Le 15 juillet 1966, à l'aube, la première T-7A (S-2) s'élève du champ de tir de Guangde (Province de l'Anhui) emportant le chien "Xiao Bao" (Petit Léopard) aux frontières de l'espace. La charge utile est récupérée intacte (vitesse d'atterrissage < 10 m/s). "Xiao Bao" subit un simple examen physiologique, qui ne révèle aucune anomalie, tandis que les rats sont disséqués pour rechercher une éventuelle agression de l'environnement cosmique sur leurs organes. La seconde fusée-sonde T-7A (S-2) est tirée le 28 juillet 1966 avec le chien "Shanshan" (Corail), des rats albinos et d'autres créatures vivantes.

58 – [?], "China Puts Dog Up in Rocket and Lands It Safely", in *Daily Telegraph*, Londres, 14/01/80, p. [?].

Les expériences biologiques aérospatiales chinoises

Véhicule spatial	Lanceur	Date	Observations
	T-7a (S1)[59]	19/07/64	Vol suborbital d'un container biologique récupérable avec 4 rats albinos, 4 souris albinos et 12 tubes à essais avec échantillons biologiques.
	T-7a (S1)	01/06/65	Idem
	T-7a (S1)	04/06/65	Idem
	T-7a (S2)	15/07/66	Vol suborbital d'un caisson biologique récupérable avec le chien Xiao Bao, 4 rats albinos et 12 tubes à essais contenant des échantillons biologiques.
	T-7a (S2)	28/07/66	Idem avec le chien Shanshan.
FSW-0-9[60]	CZ-2C	05/08/87	Capsule récupérable avec 2 expériences préparées par Matra dont une concerne la croissance des algues en apesanteur.
FSW-1-3	CZ-2C	05/10/90	Satellite récupérable avec un container biologique transportant des cobayes et des spécimens de plantes.
FSW-2-2	CZ-2D	03/07/94	Capsule récupérable dotée d'un container abritant plusieurs petits animaux.
FSW-2-3	CZ-2D	30/10/96	Capsule récupérable dotée d'un container abritant plusieurs petits animaux (cobayes et insectes) et des végétaux (algues,...).
Shenzhou-1	CZ-2F	19/11/99	Prototype de vaisseau spatial avec plusieurs kg d'échantillons biologiques (10 végétaux et 30 herbes médicinales).
Shenzhou-2	CZ-2F	09/01/01	Vaisseau spatial avec des échantillons biologiques et des petits animaux.
Shenzhou-3	CZ-2F	25/03/02	Vaisseau spatial avec plusieurs expériences biologiques.

Le succès des cinq fusées-sondes "biologiques" renforce la conviction des promoteurs des vols spatiaux habités en Chine. Entre 1964 et 1966, près d'une centaine de spécimens biologiques et d'animaux ont parcouru des trajectoires suborbitales au-delà de 70 km d'altitude[61]. Entre 1965 et 1969, les techniques de récupération sont améliorées avec d'autres fusées-sondes T-7A qui culminent respectivement à 83 km et 91 km. Par ailleurs, des dispo-

59 – Fusée-sonde destinée aux expériences biologiques (versions S1 et S2).

60 – Satellite récupérable Fanhui Shi Weixing / Jianbing.

61 – "Experts Predict Manned Orbital Flight", in *Zhongguo Xinwen She*, Pékin, 3/10/95, p. [?] (FBIS-CHI-95-192).

sitifs de support-vie très complexes sont développés pour faire voler des singes. La première expérience de ce type est prévue pour l'automne 1966. Elle ne sera jamais réalisée, la Révolution Culturelle a déjà commencé.

■ Le programme de vol habité sous les affres de la Révolution Culturelle

Le déclenchement de la Révolution Culturelle, au seconde semestre de 1966, provoque quelques troubles pour le développement du programme de vols habités. Quelques expériences sont critiquées et plusieurs responsables de l'astronautique (Tsien, Wang Xiji, etc.) sont persécutés, voire assassinés comme Zhao Jiuzhang. Certains en profitent aussi pour proposer des projets spatiaux qui sont acceptés par les "utopistes" de la Révolution Culturelle sans aucune règle ou étude de faisabilité.

En fait, le développement de l'astronautique est relativement préservé des affres de la Révolution Culturelle par l'intervention personnelle des dirigeants chinois pour protéger les scientifiques et surtout par le retour de l'Armée. L'APL reçoit la tutelle politique, économique et sociale de la Chine le 17 octobre 1967. Le maréchal Lin Biao [62] est confirmé dans le rôle de n°2 du régime, il est un ardent promoteur des activités spatiales.

Pendant cette période l'étude de définition du satellite récupérable est achevée. En novembre 1967, l'Académie n°5 (la CAST à partir de 1968) est officiellement désignée pour la maîtrise d'œuvre des vols spatiaux habités. Ce programme reçoit une nouvelle impulsion au printemps de 1968. L'APL nomme Tsien à la direction du projet. En avril 1968, l'Institut de biophysique fusionne avec l'Institut n°3 pour former l'ISME. À partir de cette date, ce centre de recherche fédère tous les efforts pour la mise en œuvre des vols habités, le développement du vaisseau étant confié à la CAST.

En 1969, Mao Zedong autorise le Comité scientifique de la défense nationale à définir le vaisseau habité et procéder à la sélection de cosmonautes.

62 – Lin Biao est né en 1907 dans une famille de la petite bourgeoisie rurale du Hubei. Il rejoint le communisme en 1925 et Mao Zedong en 1927. Pendant la Longue Marche et la seconde guerre mondiale, Lin Biao est un excellent stratège. Eclipsé par le retour de la paix, Lin Biao est rappelé par Mao en 1958. Il entre au Comité permanent du Bureau Politique du Parti Communiste Chinois (PCC) et, en 1959, il prend la place de Peng Duhai à la tête du ministère de la Défense. À la fin des années 1960, pendant la Révolution Culturelle, il tente de succéder à Mao Zedong. Mais Lin Biao est très impopulaire dans l'armée et n'a pas la faveur du "mandarin révolutionnaire" Zhou Enlai. Il est destitué en 1970 avant de disparaître avec sa famille, dans des conditions obscures, en septembre 1971.

Cette sélection est confiée à Guo Rumao, directeur du 4e Institut de recherche de l'Armée de l'air. Pour recruter leurs premiers cosmonautes, les Chinois s'inspirent des méthodes soviétiques et américaines. De ce fait, à l'instar des super-puissances, Guo Rumao considère que les pilotes de chasse sont les plus "armés" pour accomplir des missions spatiales ; ils sont déjà entraînés aux situations de stress (réaction rapide, prise de risque, etc...). Mais dans la Chine communiste, le premier critère de sélection est politique. Si le candidat correspond aux canons de la Chine révolutionnaire de la fin des années 1960, il est admis aux épreuves de sélection plus classiques : expérience aéronautique, formation, examens physiologiques [63], etc.

La sélection des cosmonautes démarre le 5 octobre 1970 dans différentes unités de l'Armée de l'air. En novembre, 1 000 candidats rejoignent l'Hôpital principal de l'Armée de l'air de Pékin pour subir des examens physiques approfondis. Ils sont séparés en trois groupes et complètement séparés du monde extérieur pour plusieurs mois en raison du secret absolu qui couvre le programme de vol spatial habité. Les examens médicaux sont complétés par des séances d'apesanteur dans des avions d'entraînement. Le 15 mars 1971, la sélection est terminée. Le premier groupe de cosmonautes chinois comporte une vingtaine de sujets [64] hors normes [65].

Après la sélection, l'entraînement. Celui-ci est ordonné par Mao Zedong en avril 1971. Ainsi, dans le cadre du Projet 714, le commandant des forces aériennes Wu Faxian reçoit la tutelle, le 13 mai 1971, d'un groupe de 500 personnes (y compris les candidats cosmonautes) pour préparer les vols spatiaux habités avec le vaisseau Shuguang-1 [66]. Les autorités chinoises souhaitent que le véhicule soit lancé à la fin de 1973.

En fait, à l'instar de 13 autres applications spatiales décrétées en août 1970, pour rattraper les réalisations spatiales de l'Occident en 1975 [67], l'objectif de lancer des hommes dans l'espace est très ambitieux voire utopique car la Chine manque cruellement de ressources. Mais aucun responsable de l'astronautique n'ose formuler la moindre critique sur l'ampleur de la tâche à accomplir alors que la Chine n'a lancé qu'un seul satellite.

63 - Bannie par la Révolution Culturelle, les cosmonautes n'étaient pas astreints aux examens psychiatriques.

64 - Lorsque le premier programme de vol habité est révélé en 2002, les noms de quatre aspirants cosmonautes sont communiqués : Dong Xiaohai, Fang Guojun, Lu Xiangxiao et Wang Zhiyue.

65 - 30 ans plus tard, les premiers candidats cosmonautes chinois n'ont développé aucune maladie ce qui validerait, selon l'ISME, les critères draconiens de la sélection établis à cette époque.

66 - Shuguang signifie "Aube".

67 - *China Today Space Industry*, op. cit., p. 481.

Le développement du projet est retardé lorsque Lin Biao disparaît avec sa famille dans un accident d'avion en Mongolie, le 13 septembre 1971. La disparition du ministre de la Défense réduit l'autorité de l'Armée face au Parti. Les hommes et les idées qui ont précédé la Révolution Culturelle sont réhabilités. Le programme spatial chinois perd l'un de ses promoteurs et certains de ses responsables sont soupçonnés d'avoir soutenu la tentative de coup d'état du vieux maréchal Lin Biao. Zhou Enlai dénonce aussi le coût très élevé de "certains" programmes spatiaux [68]. Le développement de l'astronautique est sensiblement ralenti.

C'est dans ce contexte que Tsien tente d'obtenir davantage de budget pour conduire à terme le plus important projet de sa carrière. La démarche est périlleuse car le père des fusées chinoises a prononcé des discours très élogieux pour soutenir la politique spatiale de Lin Biao [69]. Sans réponse de Zhou Enlai, Tsien transmet sa requête à Yu Qiuli, le directeur du Comité de planification d'Etat. Ce dernier rencontre Mao Zedong sans résultat. Le grand Timonier dénonce le programme de vol habité en rappelant que la Chine a d'autres priorités plus terrestres.

Ainsi, en l'absence de budget, les participants du Projet-714, tous militaires, retournent dans leurs unités. Les candidats cosmonautes, qui n'ont pas volé depuis des mois, abandonnent aussi leur "simulateur spatial", une maquette sommaire du vaisseau Shuguang-1 en bois et en carton.

Au sein de l'ISME et de la CAST, quelques dizaines de personnes continuent cependant à préparer le vol habité : études de la médecine spatiale, développement des scaphandres, des équipements des cosmonautes et de la nourriture spatiale.

La suite du programme demeure mystérieuse ; elle est ponctuée par des lancements de capsules. Bien entendu, à l'étranger, le Projet-714, pour mettre en orbite le vaisseau Shuguang est totalement inconnu. Pourtant, l'audace des Chinois dans le domaine nucléaire suggère aux Occidentaux la participation probable de la Chine à la conquête spatiale habitée. Par exemple, en France, le sujet est évoqué dans un rapport prospectif sur l'état du monde en 1985, publié au début des années 1960 par le "Groupe 85" à l'instigation du premier ministre. Dans la partie consacrée à l'astronautique, la mise en ser-

68 - **Michael LARIS**, "Chinese Test Craft for Manned Orbits", in *Washington Post*, Washington, 22/11/99, p. 101.

69 – **Iris CHANG**, op. cit., p. 251.

vice d'une station spatiale chinoise était envisagée pour les années 1980 [70].

Le vaisseau Shuguang-1

Conçu par la CAST, Shuguang-1 constituait la version habitée du satellite de reconnaissance récupérable FSW-0. Le cosmonaute occupait la place réservée à la charge utile militaire, un emplacement très exigu assez proche de l'habitacle d'une capsule Mercury[71]. Il était allongé sur un siège pivotant lui assurant le maximum de confort pour des conditions de vol extrêmes dues aux performances du lanceur CZ-2 et à la forme de la cabine. Ainsi, l'occupant de Shuguang aurait subi entre 6 et 11 g au lancement et 8 à 20 g au retour ! Dès lors, on comprend mieux la sélection draconienne du premier contingent de cosmonautes. La désorbitation du vaisseau était assurée par un moteur à poudre conçu par la 4e Académie. L'absence de système d'atterrissage en douceur permet d'envisager un retour dans la mer ou l'éjection des cosmonautes au retour.

Principales caractéristiques
Long. = 4,6 m
Diam. = 2,2 m
Masse = 1,8 t

Les paragraphes suivants présentent les premiers vols de capsules chinoises et les spéculations des spécialistes de l'espace quant au lancement de cosmonautes à bord de ces engins.

▪ Quelques histoires de capsules

La présence d'un vaisseau dans l'arsenal des engins spatiaux chinois est signalée, pour la première fois, à la fin des années 1960. Exposé au Musée de l'Armée Populaire de Pékin, il ressemble déjà au Soyouz. Ce véhicule est une énigme. Les analystes se perdent en conjectures : reproduction chinoise du véhicule soviétique pour illustrer l'actualité spatiale du moment [72] ou évocation d'un projet chinois de vaisseau habité [73] ?

Dans les années 1970, ce sont les spécialistes de la Chine – analystes, écrivains ou journalistes – qui tentent de percer le secret des programmes "exotiques" conduits par Pékin. Pour ces *"china watchers"*, l'espace tient une place prépondérante à côté de l'armement nucléaire.

70 – **Gérald MESSADIÉ**, "Un inventaire du futur sans faux romantisme", in *Science et Vie* n°568, Paris, janvier 1965, pp. 100 à 104.

71 – Premier programme américain de vol spatial habité qui mettait en œuvre des capsules monoplaces pour des vols suborbitaux (fusée Redstone) et orbitaux (fusée Atlas).

72 – Le vaisseau spatial Soyouz effectuait ses premiers vols à la même époque.

73 – **James OBERG**, "Soviet Space Secrets", in *Spaceflight* vol 37, Londres, 08/98, pp. 254 et 255.

Les Capsules récupérables FSW

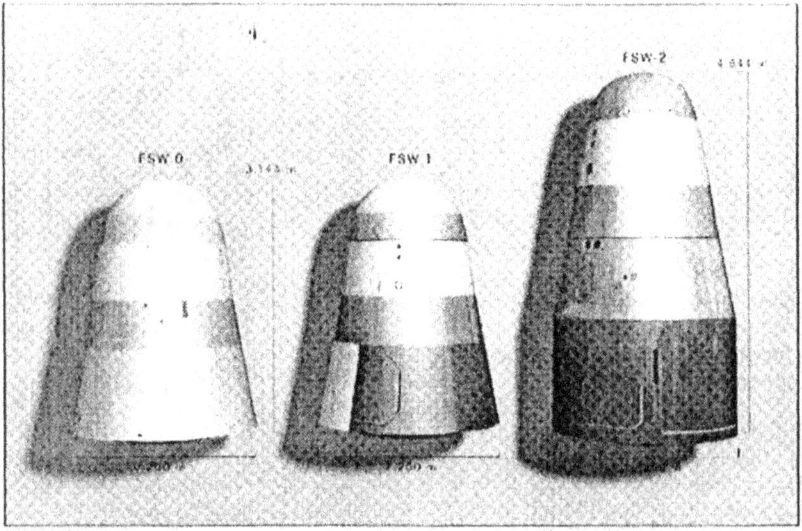

La Chine a exploité dès le milieu des années 1960 ses connaissances dans le domaine des corps de rentrée de missiles stratégiques pour réaliser des capsules spatiales récupérables (Projet 911). Ce programme devait aboutir à la réalisation de satellites de reconnaissance. Mais en raison du retard technologique qui limitait les performances du satellite, le Projet 911 était, à l'origine, davantage un acte politique. Par ce fait, les dirigeants chinois entendaient signifier à leurs puissants voisins (Japon, URSS, etc.) qu'ils étaient en mesure de surveiller toutes leurs activités suspectes. Trois séries de satellites ont été développées :
FSW-0, FSW-1 et FSW-2.

Le véhicule FSW-0 épouse la forme d'un cône (angle de 10°) pour un diamètre de 2,2 m à la base et une hauteur de 3,1 m. Le satellite comprend deux parties : un module de service et une capsule de rentrée. Le module de service est pressurisé et assure les fonctions vitales. La capsule récupérable peut contenir une charge utile de 150 kg et renferme tous les systèmes nécessaires à son retour. Les engins de la série FSW-0 ont une masse comprise entre 1,78 t et 1,81 t et une durée de vie maximum de cinq jours.

Dans les années 1980, la série FSW-0 est complètement modernisée et donne naissance à la version FSW-1. Pour la première fois, ces satellites disposent d'un

CAST
Satellite récupérable FSW-2 en cours d'intégration.

système de pilotage informatisé. Avec ces nouveaux équipements, la masse de l'engin spatial, selon les missions, est comprise entre 2 et 2,5 t et sa durée de vie est prolongée de cinq à dix jours. Entre 1987 et 1993, cinq satellites FSW-1 ont été mis en orbite pour effectuer des missions de reconnaissance militaire, de télédétection civile et pour transporter des expériences en microgravité.

Aux satellites FSW-0 et FSW-1, succède FSW-2. Cet engin spatial diffère complètement de ses prédécesseurs par son architecture et ses capacités. FSW-2 comprend deux modules divisés en deux sections. Le module d'équipement comprend une section pressurisée et une section de service. La section pressurisée abrite les réservoirs qui alimentent un système propulsif, capable de manœuvres orbitales et du maintien à poste du satellite pendant une durée de 15 à 18 jours. Les caractéristiques de FSW-2 font apparaître une longueur de 4,6 m pour un diamètre de 2,2 m identique aux deux versions précédentes. Suivant les missions - observation et microgravité - la masse de FSW-2 peut varier de 2,5 t à 2,9 t.

Depuis le vol de FSW-2-3, en octobre 1996, la Chine n'a plus procédé au lancement de satellites récupérables de ce type. Il est probable que la plupart des équipes et des ressources destinées à ce programme ont été réaffectées au projet de vaisseau habitable. Cependant, une quatrième génération de satellites FSW serait en cours de développement. Il s'agirait d'une version simplifiée pour exposer 300 kg de graines aux rayons cosmiques. Depuis quelques années, les Chinois accordent beaucoup d'importance à ce nouveau type "d'OGM" pour améliorer le rendement de leur agriculture...

Ainsi, dans le bruit des rumeurs et des spéculations, la mise en orbite de Chine-4 alias FSW-0-1, le 26 novembre 1975, constitue une véritable alerte. Pour la première fois, les Chinois récupèrent un satellite, en l'occurrence une capsule, qui revient intacte après six jours de vol spatial. L'opération est totalement inédite et permet à la Chine de rentrer dans le club des récupérateurs d'engins spatiaux, une technique qui est seulement maîtrisée par les Etats-Unis et l'URSS, respectivement depuis les 11 et 20 août 1960 [74].

Avant l'avènement de la Navette Spatiale, la capsule évoque immédiatement le vol habité. Les observateurs oublient le sous-développement technologique de la Chine et l'effort qu'elle a dû déployer pour accomplir cette première spatiale asiatique. Ils se bornent, au contraire, à rappeler le nombre limité des lancements et la progression fulgurante de l'astronautique chinoise à chaque opération. En France, le plus célèbre chroniqueur de l'épopée spatiale - Albert Ducrocq - résume le sentiment des Occidentaux dans le journal spécialisé *Air et Cosmos* : *« À l'heure actuelle, on peut penser que les Chinois disposent de tout ce qui est nécessaire pour mettre un homme en orbite : ils possèdent des fusées à liquide assez puissantes et l'expérience a appris qu'ils ont dominé les problèmes de rentrée. Apparamment la préparation de vols pilotés n'est plus pour eux qu'un problème technique. Et la question est posée : combien de mois ou combien d'années vont maintenant s'écouler avant le départ des premiers cosmonautes chinois ? »* [75]

Plus tard, on apprendra que le quotidien de Pékin *Guang Min Ribao* a lui aussi célébré la récupération de cette capsule comme une première étape vers le vol piloté [76]. Alors qu'en est-il ? Quelle est la vraie mission du quatrième satellite chinois ? Elle est militaire. En fait, des deux côtés du rideau de fer, les observateurs reconnaissent très vite en Chine-4 le prototype d'un satellite de reconnaissance. La capsule récupérable rapporte vraisemblablement les clichés pris en orbite.

---

74 – **Albert DUCROCQ**, "Chine et espace", in *Air et Cosmos* n°603, Paris, 20/12/75, pp. 46 et 47.

75 – **Albert DUCROCQ**, "Il y aura des Chinois dans l'espace", in *Air et Cosmos* n°604, Paris, 27/12/75, pp. 46 et 47.

76 – **Jean-René GERMAIN**, "À quand le premier cosmonaute chinois ?", in *Science et Vie* n°714, Paris, 03/77, pp. 80 à 83.

La surveillance continue. À chaque lancement de capsule – Chine-7 le 7 décembre 1976 et Chine-8 le 26 janvier 1978 – les spéculations sur les vols habités ressurgissent. Les cosmonautes chinois deviennent l'arlésienne du programme spatial du Céleste Empire jusqu'à l'avènement de Deng Xiaoping.

▪ La Chine dévoile son programme de vol spatial habité

Le nouveau maître de la Chine réforme, modernise et rejette les programmes prestigieux. La ronde des Chinois autour de la Terre a cessé d'être politiquement correcte. Pékin ne souhaite plus consacrer ses ressources financières pour le projet de capsule Shuguang qui illustre les plus folles dérives de la Révolution Culturelle. À la fin des années 1970, les vols spatiaux pilotés constituent pourtant un vaste chantier ; tous les domaines ont été explorés pour lancer des cosmonautes en orbite, occuper des stations spatiales et explorer l'espace. Les responsables de ces projets tentent de reconvertir les installations de montage et d'essais vers d'autres programmes en conservant le minimum, c'est-à-dire l'ébauche du vaisseau spatial et l'ISME.

C'est dans ce contexte que la Chine dévoile l'effort qu'elle a entrepris pour participer à la conquête spatiale habitée. *A posteriori*, l'origine de ces "fuites" peut être imputée à la fois aux responsables de l'astronautique et aux dirigeants chinois. Les premiers ont peut-être souhaité sensibiliser l'opinion publique (le Parti communiste) et exercé une pression sur les politiques pour qu'ils conservent le projet Shuguang. Les seconds pouvaient aussi autoriser la diffusion d'informations sur un programme qui n'était plus stratégique.

Ainsi, tour à tour, à partir de 1978, les pièces du puzzle apparaissent.

Le développement du vaisseau spatial est évoqué, pour la première fois en février 1978, dans une publication chinoise qui traite des équipements de navigation. En novembre 1978, l'analyste américain Edward Ezell rapporte la première déclaration officielle chinoise au sujet des vols habités. Jen Hsi-Min confirme l'existence d'un programme qui comprend le développement d'un vaisseau et d'une station : *« La Chine réalise des préparatifs pour développer les techniques de lancement d'un vaisseau habité et d'autres travaux dans ce domaine. Le lancement d'un Skylab fait aussi l'objet de recherches très actives »*. Les propos de Jen Hsi-Min, repris par un quotidien japonais en 1979 [77], implique un vaisseau très différent de Shuguang.

Le 11 janvier 1980, le voile entourant le programme spatial le plus secret d'Asie se lève davantage avec la parution, dans le quotidien de Shanghai *When Hui Bao*, d'un article intitulé "les cosmonautes chinois déploient leurs ailes". Un autre article, publié dans *Jiefang Ribao* [78], décrit, pour la première fois en détail, l'entraînement d'une équipe de cosmonautes. Cette préparation méthodique présente des similitudes à celles pratiquées alors en URSS et aux USA : épreuves de vibration, de centrifugation, simulation d'apesanteur et vols simulés dans la maquette d'un vaisseau spatial [79]. Des photographies, à l'usage des sceptiques qui douteraient de l'authenticité du programme, illustrent les articles des quotidiens chinois et font la une de la presse internationale. L'un des clichés présente un aspirant cosmonaute revêtant une tenue pressurisée tandis qu'un autre semble avoir été pris avant un essai de scaphandre en chambre d'altitude. Le 16 janvier 1980, d'autres photographies sont publiées dans le quotidien *Hong Kong Wen Hui Po* [80].

Le 18 mai 1980, une nouvelle affaire de capsule alimente la rumeur et bouleverse la quiétude des *"china watchers"*. Un engin est récupéré par des navires chinois dans le Pacifique. C'est une première car tous les autres véhicules récupérables FSW reviennent sur le continent. Le succès de l'opération est salué par les plus hautes autorités de l'État et célébré dans tous les ouvrages chinois traitant des fusées. Mais dans cette affaire, les allégations concernant l'essai suborbital d'un vaisseau spatial doivent être réfutées. En fait, la capsule récupérée au milieu de l'océan est une maquette de tête de rentrée nucléaire testée avec un nouveau type de missile intercontinental [81].

77 – "China Beginning Manned Space Effort", in *AWST*, New York, 28/05/79, pp. 26 et 27.

78 – Dans cet article, intitulé « Une interview avec les astronautes stagiaires de notre nation », le journaliste Xiao Yong affirmait avoir visionné un reportage sur l'entraînement des cosmonautes chinois. Ses propos étaient illustrés par des photographies inédites représentant quelques séquences du film. A posteriori, les descriptions de Xiao Yong paraissent très détaillées et semblent en tout point correspondre à la visite de l'ISME. Sans qu'il soit possible de vérifier son existence, le film évoqué par Xiao Yong aurait été produit par le Studio de cinéma d'éducation scientifique de Shanghai sous le titre : "En marche pour l'Univers". Il rappelle aussi le rôle de la grande métropole du Sud pour préparer la « ronde des Chinois » en orbite terrestre.

79 – "Astronaut Candidates Training in China For Future Missions", in *AWST*, New York, 4/02/80, p.[?].

80 – In *Hong Kong Wen Hui Po*, Hong Kong, 16/01/80, p. 2.

81 – *China Today : Space Industry*, op. cit., pp. 100 à 105.

Les photographies de 1980

Ces deux photographies historiques ont fait la une de la presse internationale au début de 1980. Le doute n'est plus permis quant à l'intérêt de la Chine pour le vol spatial habité. À cette époque, la mise en orbite de cosmonautes chinois paraît imminente...

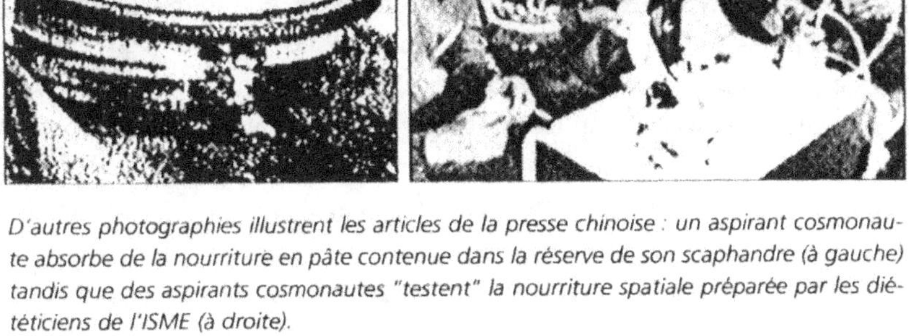

D'autres photographies illustrent les articles de la presse chinoise : un aspirant cosmonaute absorbe de la nourriture en pâte contenue dans la réserve de son scaphandre (à gauche) tandis que des aspirants cosmonautes "testent" la nourriture spatiale préparée par les diététiciens de l'ISME (à droite).

Bien sûr, en 1980, les détails de cette opération ne sont pas connus. Aussi, impressionnés par les révélations chinoises faisant état de cosmonautes à l'entraînement et de capsules récupérables, les observateurs estiment comme imminente la réalisation d'un vol piloté. Les prévisions situent le futur évènement entre la fin de 1980 et le début de 1981. Beaucoup imaginent que le retentissement médiatique de l'opération chinoise surpasse le premier lancement de la Navette Spatiale américaine prévu pour la même période.

Les mois passent avec le sentiment de voir la porte se refermer sur les "fils du ciel". À Moscou, on la cadenasse pour permettre au Vietnamien Pham Tuan de devenir le premier cosmonaute asiatique de l'Histoire, le 23 juillet 1980 [82]. Cette première ne peut plus être revendiquée par les dirigeants chinois qui ne savent vraiment plus quoi faire de leur embryonnaire programme de vols spatiaux pilotés.

▪ Les cosmonautes chinois rangent leurs scaphandres

Après plusieurs mois d'attente, le nouvel an de 1981 ne coïncide avec aucun lancement de cosmonautes chinois. Espoirs déçus. En définitive, au début du mois de janvier, l'agence de presse ouest-allemande DPA annonce l'ajournement du projet [83]. Citant le secrétaire de la nouvelle Société chinoise d'astronautique, Wang Zhuanshan, la dépêche précise que la Chine a décidé de repousser à la prochaine décennie le lancement de son premier cosmonaute. Cette décision coïncide avec celle de ne plus procéder au lancement d'animaux dans l'espace (chiens et singes)... Annonce prématurée...

Le 26 janvier 1981, la revue américaine *Aviation Week and Space Technology* (AWST) reprend cette information et publie de nouvelles photographies plus nettes que l'année précédente. On peut voir des aspirants cosmonautes essayer leur scaphandre, se préparer à un test en chambre d'altitude, assis dans un fauteuil à vibrations ou autour d'une table pour déguster les mets spatiaux préparés par les diététiciens de l'ISME. Une nouveauté, cependant, retient l'attention des analystes et consacre le docu-

82 – **Philippe COUÉ**, "Un Soyouz aux couleurs du Vietnam", in *Le Bulletin de l'INALCO*, Paris, 11/00, pp. 5 à 16.

83 – **Pierre LANGEREUX**, "Pas d'Astronautes chinois dans les années 1980", in *Air et Cosmos* n°[?], Paris, 10/01/81, p. [?].

ment. Un cliché représente deux aspirants cosmonautes dans le simulateur de cockpit d'un engin spatial. En dépit de sa rusticité, ce cockpit, plus important que les premières cabines soviétiques ou américaines, suggère davantage l'habitacle d'un avion spatial et démontre la nature ambitieuse du projet.

Cinq mois plus tard, Shen Yuan, le Président de l'Institut aéronautique et astronautique de Pékin, affirme que *« l'entraînement de cosmonautes n'est pas sérieux par rapport aux véritables priorités du programme spatial chinois (satellites militaires et d'application) »*.

Cette déclaration clôt le premier projet spatial habité du Céleste Empire. De toute évidence, cet effort scientifique et technologique n'a pas reçu la priorité politique qui a fait le succès du programme nucléaire chinois. Si la défense du pays vaut bien tous les sacrifices consentis pour l'arme atomique, la ronde des "fils du ciel" autour de la Terre à bord des vaisseaux Shuguang peut attendre des jours meilleurs. L'effort entretenu depuis le début des années 1960 est sensiblement ralenti dans les années 1980 ; une longue veille technologique s'instaure.

▪ Les années 1980 : traversée du désert et renaissance

Cette époque est ponctuée par les déclarations des responsables chinois concernant la sélection de cosmonautes et leurs intérêts pour participer à un vol spatial avec les États-Unis ou l'Union Soviétique. Ces déclarations sont souvent contradictoires et entretiennent le mystère.

À l'apogée de la guerre froide, les tensions avec l'URSS et le Vietnam rapprochent davantage la Chine des Américains [84]. Le monde chinois s'ouvre à l'Occident et accueille ses ressortissants pour commercer et coopérer. Dans le domaine spatial, il s'agit plutôt de s'informer. Depuis sa création, la Chine communiste a souvent mis à profit le séjour d'experts étrangers pour être au fait des plus récents développements des sciences et techniques. Les visiteurs occidentaux sont appelés à tenir de véritables confé-

84 – Le rapprochement entre les États-Unis et la Chine date de février 1972 et de la première visite du Président américain Richard Nixon à Pékin. Dès le début de son mandat, le Président américain avait placé la Chine au centre de ses préoccupations diplomatiques. En pleine guerre froide, l'URSS constituait l'ennemi idéologique des États-Unis mais aussi un danger immédiat pour la Chine. L'entente entre les deux pays était moins diplomatique que stratégique.

rences techniques qui instruisent les Chinois à bon compte. Cette forme d'information très discrète permet aux autorités chinoises d'éviter la coopération ou l'assistance technique. En fait, Pékin refuse de s'apparenter aux pays du tiers-monde qui n'envisagent leur développement qu'avec l'aide des étrangers.

Ainsi, du 2 au 10 juillet 1982, l'ISME reçoit, pour la première fois, une délégation étrangère composée de représentants de la NASA dont l'astronaute Jack Lousma. En accueillant l'Agence spatiale américaine, l'ISME entend démontrer son intérêt pour coopérer avec les Etats-Unis et participer éventuellement à un vol spatial. Cette opportunité sera offerte deux ans plus tard.

Au début des années 1980, le centre d'entraînement des astronautes de la NASA à Houston s'ouvre pour la première fois aux étrangers. Pour donner la réplique au programme Intercosmos, qui permet aux cosmonautes des pays de l'Est de voler avec les Soviétiques, le gouvernement américain incite son agence spatiale à offrir à ses alliés des places à bord de la Navette. Cette politique retient l'attention des Chinois qui initient des négociations avec les Américains pour faire voler leurs compatriotes. Au printemps 1984, à l'occasion de sa visite en Chine, le Président Reagan évoque officiellement ce projet avec les officiels de Pékin. Depuis la Navette Spatiale, on envisage qu'un astronaute chinois puisse exécuter des expériences ou superviser le lancement d'un satellite pour le compte de son pays. Prévu pour 1987 ou 1988, le projet est cependant abandonné en 1986 après l'accident de la Navette Challenger.

L'ajournement forcé de la coopération américano-chinoise dans le domaine des vols habités incite les Soviétiques à prendre le relais. L'URSS de Mikhael Gorbatchev, qui a rompu le glacis bréjnévien, souhaite renouer le dialogue avec son grand voisin asiatique. Deux accords de coopération scientifique et technique sont signés par les deux pays, les 26 juin et 16 octobre 1986[85], à l'issue desquels le maître du Kremlin propose à la Chine de visiter sa nouvelle station orbitale Mir. L'invitation est prématurée ; l'Empire du Milieu observe avec "inquiètude" l'évolution du régime soviétique entre *Perestroïka* et *Glasnost*...

85 – *China Foreign Relations - a Chronology of Events (1949 - 1988)*, China International Book Trading Corporation, Beijing, 1989, p. 477.

La coopération spatiale avec les deux superpuissances de la planète n'étant plus à l'ordre du jour, la Chine continue d'étudier un système de vol habité indépendant. Parfois, la presse vient rappeler cet objectif à long terme de l'astronautique chinoise. Par exemple, au cours de l'été 1986, un quotidien militaire annonce que la Chine poursuit la sélection et l'entraînement de cosmonautes. L'information est reprise le 30 août par le *People Daily*[86]. En septembre, le quotidien chinois *China Daily* ajoute d'autres pièces à cet interminable puzzle en annonçant que : *« La Chine a réalisé le simulateur d'une cabine de navette spatiale et la sélection de son premier groupe d'astronautes. Les vols spatiaux habités chinois pourraient être une réalité dans un avenir proche grâce aux progrès majeurs réalisés dans la théorie et la technique. Un système de support-vie a été réalisé. L'alimentation des astronautes et leurs combinaisons spatiales ont aussi été développées. Un centre de recherche sur les vols habités a été créé pour conduire des expériences. Il constitue le centre d'entraînement des astronautes. Les étrangers qui ont visité ce centre affirment que la technologie spatiale chinoise a atteint un niveau international en ce qui concerne la recherche et les équipements. Ce centre serait l'un des plus avancés au monde... »*[87].

C'est une nouvelle fois les activités de l'ISME qui sont bien entendu évoquées dans cet article du *China Daily*. L'établissement de recherche chinois rappelle à ses interlocuteurs étrangers qu'il développe "une troisième voie" dans les vols habités. Mais la prétention de l'ISME a ses limites. La Chine ne se contente plus d'écouter ses visiteurs. Pour la première fois, en 1988, l'Institut sollicite auprès du directeur médical du constructeur des scaphandres américains – Walter Wiechetek – l'aide de l'étranger pour développer certains équipements du scaphandre chinois[88].

En accueillant les Occidentaux, l'ISME lève un peu plus le voile sur ses mystérieuses activités. Les visiteurs découvrent surtout des installations destinées à l'entraînement de cosmonautes et remarquent une grande similitude avec la Cité des Etoiles d'Union Soviétique. C'est le constat de l'astronaute français Patrick Baudry qui est reçu par l'ISME en septembre

86 – "Astronautes chinois", in *Air et Cosmos* n°1108, Paris, 13/09/86, p. [?].

87 – "First Crew Picked for Chinese Spacecraft", in *China Daily*, 1/09/86, p. 1.

88 – **Richard de MEIS**, "China's Coming Of Age In Space", in *Aerospace America*, Washington, 05/88, pp. 40 à 44.

1988[89]. Interviewé par une équipe de la télévision française, il rappelle aussi l'aspect vétuste des équipements de l'ISME.

Ce type de témoignage accrédite l'existence d'une veille technologique active dans le domaine des vols habités même si les plans du vaisseau et ses occupants sont toujours soigneusement dissimulés. D'aucuns affirment, à la veille des années 1990, le renouveau du programme. L'évolution politique et économique de la Chine leur donnera raison.

89 – Patrick Baudry fut sélectionné par le CNES en 1979. Il était la doublure de Jean-Loup Chrétien pour le vol de Soyouz-T6 de 1982 (mission Premier Vol Habité). Trois ans plus tard, il a effectué une mission à bord de la Navette Spatiale Discovery.

5

Le Projet 921 "Shenzhou"

Le retour des ambitions anciennes - La Chine adopte le Projet 921 - Les Russes entrent en scène - En 1996, "pactes sino-russes" et révélations - La CAST présente son vaisseau - Contes à rebours - Le premier vol de Shenzhou - Le second vaisseau transporte des animaux

La croissance soutenue de l'économie chinoise favorise l'émergence de nouveaux projets et concrétise les ambitions anciennes... Au moment où l'URSS s'effondre, la Chine "se sent pousser des ailes de grande puissance" et adopte définitivement un programme destiné à lancer ses ressortissants dans l'espace. Cet effort scientifique et technologique est encore réalisé à l'abri des regards indiscrets. Mais la modernisation des structures politiques, due aux réformes entreprises dans les années 1980, conduit les médias et les responsables du programme spatial à une plus grande liberté d'expression.

▪ Le retour des ambitions anciennes

En 1989, le monde connaît des bouleversements politiques sans précédent depuis la fin de la seconde guerre mondiale. L'Europe se libère du communisme. Un vent de liberté parcourt la planète. En cette année du bicentenaire de la Révolution française, il atteint même l'extrême-Orient et la Chine. Pendant quelques semaines, le temps d'un printemps, les étudiants contestent les gérontocrates de Pékin. Mais la Chine n'est pas la Pologne ou la Hongrie, l'appui de la population ne suffira pas à "démocratiser" le pouvoir politique. Ce dernier écrase avec brutalité les contestataires. Dans la nuit du 3 au 4 juin 1989, l'Armée investit Pékin en faisant des centaines de victimes. Dans le monde, la réprobation est totale.

Une nouvelle fois, la Chine est remise au pas. Le pouvoir conservateur admet le "communisme de marché", qui doit garantir la survie économique de leur empire, mais il n'est pas encore question d'émanciper le peuple. L'ordre est rétabli en quelques semaines. L'été s'achève finalement par le succès des jeux asiatiques qui effacent un peu plus le "Printemps de Pékin".

Les autorités chinoises choisissent cette période pour auditer les responsables du ministère de l'Industrie aérospatiale. Entre le 26 août et le 26 septembre, plusieurs experts de l'astronautique présentent leurs derniers projets en matière de lanceur, de satellite et de vaisseau spatial. Pour la première fois, depuis l'accession au pouvoir de Deng Xiaoping en 1978, le contexte est favorable aux cosmonautes chinois. En effet, à la fin des années 1980, les vols spatiaux habités sont à la mode. Les États-Unis annoncent la conquête du Système solaire, l'Union Soviétique met en service la navette spatiale Bourane et l'Europe commence le développement de l'avion spatial Hermès. Pour revendiquer davantage son rôle de puissance régionale et renforcer sa science et sa technologie, Pékin choisit de s'engager pour la seconde fois dans les vols habités. Au cours de l'automne 1989, les autorités ordonnent une définition complète du projet avant de l'adopter définitivement.

Dix ans avant l'An 2000, l'arme atomique a cessé d'être prioritaire. Les astronefs ont remplacé les ogives nucléaires. La Chine marquera son entrée dans le XXIe siècle par un exploit technologique plus noble.

Le 16 juillet 1990, le lancement inaugural de la fusée CZ-2E pose un premier jalon vers le vol habité. Ce lanceur offre des performances tout à fait compatibles pour mettre en orbite basse un vaisseau de 8 à 9 t. Le Directeur de la division États-Unis du Département chinois des affaires américaines et océaniques – Wang Shuanglin – rappelle que la CZ-2E n'est pas seulement destinée à lancer des satellites de télécommunications en orbite géostationnaire. À l'automne 1990, à l'occasion d'un symposium organisé par l'Association chinoise pour l'amitié entre les peuples, il fait sensation en déclarant que la Chine étudie un vaisseau pour quatre cosmonautes qui serait lancé par une CZ-2E [90].

La CZ-2E s'est imposée aux spécialistes des vols pilotés chinois. La suite des évènements leur donnera raison malgré la publication d'articles contradictoires sur d'autres types de lanceurs plus ou moins avancés [91].

90 – "China Eyes Manned Space Capsule", in *AWST*, New York, 10/12/90, p.24.

91 – **Phillip CLARK**, "Chinese Designs On The Race For Space", in *Jane's Intelligence Review* vol 9/n°4, Londres, 04/97, pp. 178 à 182.

CGWIC

Le Lanceur CZ-2E sur son pas de tir à Xichang. *Il ouvre la voie au programme de vol spatial habité chinois.*

Plus tard, Hong Guo Hua de la SAST confirmera à Albert Ducrocq l'emploi de cette fusée pour lancer les futurs cosmonautes chinois [92].

Par ailleurs, alors qu'elle avait annoncé dix ans plus tôt qu'elle renonçait aux expériences biologiques dans l'espace, la Chine lance le 5 octobre 1990 le satellite récupérable FSW-1-3 qui transporte des cobayes et des échantillons de plantes. Ce vol démontre sans conteste le nouvel intérêt des Chinois pour obtenir des données biomédicales sur des êtres vivants soumis à l'environnement spatial. Une page est tournée, l'Empire du Milieu entrouvre la porte des étoiles pour ses futurs cosmonautes.

▪ La Chine adopte le Projet 921

Après deux ans d'études approfondies, la CAST (vaisseau spatial), la CALT (lanceur), l'ISME (mise en oeuvre des vols habités), et d'autres organisations soumettent au gouvernement chinois la version définitive d'un projet intitulé : "Système national de vol spatial habité".

Au début de l'année 1992, le Conseil d'Etat de la République Populaire de Chine adopte, dans le plus grand secret, la proposition des responsables de l'astronautique pour envoyer des Chinois dans l'espace. Il s'agit du Projet 921. En se référant à la codification en vigueur en Chine, on peut affirmer que les deux premiers chiffres correspondent à l'année de démarrage du programme, c'est-à-dire 1992, et le troisième à la priorité qui lui a été attribuée. La direction du Projet 921 est confiée aux militaires de la COSTIND.

Quelques semaines plus tard, le développement du "système national de vol habité", qui doit aboutir à l'exploitation d'une station spatiale [93], est évoqué officiellement dans le "Plan national à long terme pour le développement de la science et de la technologie" publié par le Gouvernement chinois [94]. Le document rappelle la nécessité d'acquérir une indépendance dans ce domaine clé au cours de la période 2000/2020.

Mais l'indépendance n'exclut pas la coopération, pour réduire les délais et les coûts de développement. Dans cette affaire, l'acquisition des technolo-

92 – **Albert DUCROCQ**, "Le complexe spatial de Shanghai", in *Air et Cosmos* n°1362, Paris, 20/01/92, p. 41.
93 – " China Reveals Long-term Space Plans ", in *Flight International* vol 14/n°4315, Londres, 22/04/92, p. 18.
94 – **Zhongguo Hangtian**, "Strategic Position and Role of Space Activity in China", in *Aerospace China* n°5, Pékin, 02/93, pp. 3 à 5 (article traduit par le JPRS : JPRS-CST-93-015, 15/09/93, pp. 18 à 20).

gies étrangères est requise. C'est surtout en Russie que les Chinois "feront leur marché". L'héritier de la puissance spatiale soviétique solde tous ses matériels spatiaux pour renflouer son économie défaillante.

▪ Les Russes entrent en scène

L'emploi du lanceur CZ-2E pour le vol piloté suggère le développement d'un vaisseau balistique non réutilisable. Les Russes opérant ce type de véhicule depuis plusieurs décennies, il est logique que les Chinois se tournent en priorité vers Moscou pour leur projet. La fin de la guerre froide a apaisé les querelles entre les deux pays et chacun y trouve son compte pour coopérer, ou plutôt commercer, sur ce programme très spécial.

Les négociations avec la Russie commencent probablement au démarrage du Projet 921 en 1992. Un an plus tard, en avril, un premier accord de coopération est signé à Pékin par l'ISME et le directeur de la Cité des Etoiles, Piotr Klimouk. L'été suivant, cinq spécialistes de l'ISME sont accueillis pendant un mois dans le centre d'entraînement russe pour se former aux procédures de sélection des cosmonautes. Par la suite, d'autres spécialistes chinois visiteront la Cité des Étoiles [95].

La coopération spatiale sino-russe est souvent évoquée par les médias. Parfois les autorités chinoises autorisent la publication d'articles qui traitent des derniers développements du programme. Par exemple, le 11 août 1994, le journal de Hong Kong *Zhongguo Tongxun She* révèle la présence de vingt candidats cosmonautes à l'ISME et le développement de systèmes écologiques clos pour le vaisseau habité [96]. En septembre 1994, le Président chinois Jiang Zemin visite le Centre de contrôle des vols spatiaux (TsOUP) de Korolev.

En 1995, l'alliance spatiale avec la Fédération de Russie se renforce. Le 14 mars, une dépêche de l'agence de presse russe ITAR-TASS annonce que la Chine a exprimé le souhait d'acquérir des équipements russes destinés à un vaisseau habité. La liste du matériel recherché par les Chinois comprend : le système de sauvetage, le contrôle thermique, les dispositifs

95 – **BART HENDRICKX**, "Chinese Cosmonauts In Star City", in *Friends and Partners in Space*, 2/03/97 (http://www.cs.cmu.edu/afs/cs/usr/dconst/fspace97/0400.html).

96 – "Only the East wind Is Lacking In China's Manned Spaceflight", in *Zhongguo Tongxun She*, Hong Kong, 11/08/94, p. [?].

d'amarrage, le système de support-vie du Soyouz, etc... [97]

Le 3 octobre 1995, le journal de Pékin *Zhongguo Xinwen She* publie un nouvel article sur les vols spatiaux habités ("China's first astronaut on standby"). L'auteur affirme que la Chine a réalisé plusieurs vols spatiaux (suborbitaux et orbitaux) avec une centaine de "spécimens biologiques". Ces expériences auraient permis d'obtenir des statistiques fiables pour préparer l'envoi de cosmonautes dans l'espace [98]. Il fait certainement référence aux fusées-sondes biologiques et aux expériences réalisées à bord des capsules récupérables FSW.

Vers la fin de 1995, la société russe RKK Energia (le maître d'oeuvre des véhicules spatiaux habités russes) reçoit plusieurs spécialistes chinois au sujet du système d'amarrage du Soyouz. D'autres informations suggèrent aussi des pourparlers concernant l'acquisition de moteurs-fusées et d'équipements pour les systèmes de support-vie [99]. Après la Russie, l'Ukraine. Les Chinois se rendent à Kiev pour négocier avec Radiopribor l'acquisition du système de navigation Kurs du Soyouz.

■ En 1996, "pactes sino-russes" et révélations

1996 est une année charnière pour le développement du Projet 921. La coopération spatiale entre la Chine et la Russie s'intensifie au rythme des accords entérinés par les plus hauts responsables gouvernementaux des deux pays. Le 25 avril, le directeur de l'Agence spatiale russe (RKA) Youri Koptiev signe avec son homologue chinois un accord de coopération spatiale sans précédent qui prévoit l'achat de plusieurs équipements cruciaux pour le vaisseau asiatique. Pékin envoie en Russie de nombreux militaires (ils sont responsables du Projet 921) et spécialistes des vols habités pour rechercher ces matériels. En août, une délégation chinoise, conduite par Sheng Zhun-Zhung (Président du Comité chinois science et défense), visite les sociétés RKK Energia et Khrounitchev [100].

L'importation des technologies russes accélère le développement du programme et délie les langues. L'enthousiasme des techniciens et des ingé-

97 – **Phillip CLARK**, " Chinese Designs... ", op.cit., p.180.

98 – "Expert Predict Manned Orbital Flight", 3/10/95 (FBIS-CHI-95-192).

99 – **Andrew LAWLER** et **Barbara OPALL**, "Chinese Consider Buying Russian Soyuz Technology", in *Space News* [?], Springfield, [?], pp. 1 et 20.

100 – **Bart HENDRICKX**, op.cit.

nieurs chinois impliqués dans la réalisation du vaisseau spatial se traduit par des fuites en tout genre qui trahissent la langue de bois des autorités communistes. Les annonces succèdent aux annonces : le nom de code du projet est révélé et deux cosmonautes chinois s'entraînent à la Cité des Étoiles.

Premier acte, en octobre 1996, au congrès de la Fédération internationale d'astronautique (acronyme anglais IAF). Chaque année, les principaux acteurs politiques, scientifiques et industriels du secteur spatial se réunissent pour exposer leurs activités et échanger leurs idées. En 1996, le congrès se tient à Pékin dans l'enceinte du rutilant World Trade Center. Le matériel chinois occupe une place prépondérante dans l'exposition attenante au congrès. L'inspection de ce matériel et l'audition des conférences procurent quelques informations nouvelles sur les activités spatiales de l'Empire du Milieu. En revanche, les vols habités sont juste effleurés par les officiels chinois. Ces derniers énumèrent de vagues intentions pour un futur lointain. Cette attitude ne décourage pas les spécialistes occidentaux soucieux d'en connaître davantage. Ceux-là se sont inscrits aux visites techniques, un programme proposé aux congressistes pour compléter les conférences.

Dans ces visites, la SAST de Shanghai constitue la principale étape. C'est chez le concepteur des capsules récupérables que l'identité du programme est enfin révélée [101]. En plus de la codification en vigueur (Projet 921), on apprend aux visiteurs que ce programme est conduit sous la responsabilité des militaires et qu'il doit aboutir à des essais en vol à partir de 1998 [102]. Le vaisseau spatial qui serait testé à cette occasion serait dérivé des capsules balistiques récupérables utilisées par la Chine depuis le milieu des années 1970.

Deuxième acte, en décembre 1996, à la Cité des Étoiles près de Moscou. Les médias russes et chinois annoncent l'arrivée des pilotes militaires Wu Tse et Li Tsinlung. Ils ont été sélectionnés parmi quatorze candidats qui forment, depuis mars 1995, le Groupe n°1 des cosmonautes du Projet 921 [103]. Pour la première fois, les deux Chinois utilisent les installations

101 – **Craig COVAULT**, "Chinese Manned Flight Set For 1999 Liftoff", in *AWST*, New York, 21/10/96, pp. 22 et 23.

102 – En 1997, le Vice-président de l'Académie des sciences - Zhang Qingwei - a confirmé cette étape préliminaire à la presse chinoise. - **Hans-Werner LUTTMAN**, "Anniversary flight - China's Astronauts In Training", in *Flug Revue*, Août 1997, pp. 42 et 43.

103 – "Chinese Astronauts Begin Training in Russia", 18/12/96 (FBIS-SOV-96-245).

russes pour se préparer à un vol sur un véhicule développé à l'extérieur de la Russie. Le contrat signé avec les Russes prévoit une année de formation comprenant trois mois de langue russe, de l'entraînement physique et l'apprentissage des techniques de pilotage d'un vaisseau spatial. En fait, Wu Tse et Li Tsinlung ont été accueillis en qualité de "cosmonautes instructeurs" et on attend qu'ils reviennent en Chine pour transmettre aux autres aspirants cosmonautes leur expérience. La présence des deux Chinois à la Cité des Étoiles confirme aussi la ressemblance qui doit exister entre les véhicules spatiaux des deux pays.

A la fin de l'année 1996, la Chine se rapproche encore plus de la Russie dans les domaines de la science et de la technologie. A l'occasion de la visite à Moscou du premier ministre chinois Li Peng, plusieurs accords stratégiques sont signés entre le 26 et le 28 décembre 1996. La valeur des échanges prévus par les deux pays atteindrait plusieurs milliards de dollars [104]. Certaines clauses de ces accords concernent directement les vols habités [105]. Dans ce sens, le Directeur de l'Agence spatiale russe envisage la signature des premiers contrats au premier trimestre de 1997 [106].

▪ La CAST présente son vaisseau

En 1997, la Chine est très discrète sur le développement de son programme spatial de vols habités. Mais l'achèvement, à Pékin, d'un nouveau centre de contrôle des vols spatiaux, qui peut "dialoguer en temps réel" avec les véhicules en orbite, confirme la réalité du Projet 921.

Après le retour à l'ISME des aspirants cosmonautes Wu Tse et Li Tsinlung, au début de 1998, le Projet 921 devient davantage un vecteur de propagande.

Le 17 mars 1998, dans le cadre du salon spatial Space'98, les responsables de la CAST profitent d'un séminaire franco-chinois, pour révéler la configuration de leur vaisseau habité.

Après une heure de "généralités" sur les relations spatiales franco-chinoises et la présentation de l'industrie spatiale des deux pays, Ma Xingrui

104 – "TASS On Results Of Li Peng's Visit to Moscow", 28/12/96 (FBIS-SOV-96-251).
105 – "Primakov Notes "Serious" Progress In Relations With PRC", 8/01/97 (FBIS-SOV 97-006).
106 – "PRC Premier Leaves Beijing For Moscow Energy, Space Talks", 26/12/96 (FBIS-SOV-96-249).

prend la parole et évoque, à son tour, les activités de son organisme, la CAST. Il termine son exposé par quelques éléments de prospective illustrés par une vue très sommaire du futur vaisseau chinois. Les auditeurs confondent cette vue avec celle de la station chinoise publiée de nombreuses fois dans les documents promotionnels. Pour les spécialistes, en revanche, c'est la "cerise sur le gâteau", la clé du coffre et la fin du mystère. La fin du mystère et l'étonnement. Le vaisseau chinois est un Soyouz avec une paire de panneaux solaires supplémentaire et un compartiment orbital cylindrique plus volumineux.

La cerise sur le gâteau, la clef du coffre et la fin du mystère... Le 17 mars 1998, Ma Xingrui présente la première vue du vaisseau habitable chinois réalisé par son organisme, la CAST.

Cette configuration confirme les relations étroites qui existent désormais entre la Chine et la Russie pour ce programme spatial de vol piloté. De fait, la ligne aérienne entre Pékin et Moscou est toujours très fréquentée par les responsables des activités spatiales chinoises. Au début de 1998, on les retrouve à la Cité des Étoiles où ils négocient la formation de nouveaux cosmonautes. Ils sont aussi chez Khrounitchev et la RKK Energia. C'est à cette époque que le constructeur des vaisseaux habités russes aurait cédé aux Chinois le système d'amarrage du Soyouz.

Les Chinois sont satisfaits ; leur président Jiang Zemin salue le "pipeline technologique" sino-russe par un vibrant plaidoyer sur les bienfaits des sciences et techniques pour le progrès de l'humanité lorsqu'il visite la cité scientifique russe d'Akademgorodok, le 24 novembre 1998 [107].

Le doute n'est plus permis. Un an avant le cinquantième anniversaire de la République Populaire de Chine, il ne s'agit plus de savoir si des Chinois iront dans l'espace. La seule question est : quand ?

▪ Contes à rebours

Au printemps de 1998, des mouvements nouveaux agitent la base de Jiuquan. Le *Shanghai Economy* annonce le début d'exercices simulant le lancement d'un vaisseau habité sur le plus ancien cosmodrome du Céleste Empire [108]. L'information ne surprend pas les spécialistes ; dès 1992, de gigantesques travaux ont été entrepris pour édifier de nouvelles installations de lancement qui ont toujours été associées aux vols pilotés [109].

À l'automne suivant, le Projet 921 est quasi officiel et, pour la première fois, il s'affiche dans une manifestation aérospatiale, celle de Zhuhai. Des panneaux montrent des aspirants cosmonautes dans des scaphandres très semblables à ceux portés par les occupants du Soyouz et lors d'entraînements aux méthodes de survie [110].

En novembre 1998, l'ISME ajoute l'Europe à son "terrain de chasse" technologique. L'Institut chinois chargé de mettre en oeuvre les vols pilotés recherche sur le vieux continent des équipements destinés à des expériences biomédicales spatiales et au système de support-vie du vaisseau. Cette prospection se prolonge au début de 1999. Elle révèle l'intérêt de la Chine pour réaliser des vols habités avec des singes. Quelques mois plus tard, l'astronome en chef du programme spatial chinois - Zhang Heqi - déclarera au quotidien *Guangzhou Daily* que des singes participeront effectivement aux essais du vaisseau en orbite.

107 – **Emmanuel GRENIER**, "Un souffle venant de l'Est", in *Fusion* n°74, Paris, 02/99, p. 1.

108 - **Chen Lan**, "Chinese Manned Spacecraft Set For Launch Next Year ", in *Dragon in Space*, [?] (http://www.geocities.c.eCanaveral/Launchpad/1921/news.htm).

109 – **Neville KIDGER**, " ...And Launch Own Manned Shuttle", in *Spaceflight* vol 35, Londres, 01/93, p. 20.

110 - **Richard D. FISHER**, "Heritage Report on China's 1998 Zhuhai Air Show", in *The Heritage Foundation Web Exclusive*, avril 1999 (http://www.heritage.org/exclusive/Zhuhai).

Le 5 janvier 1999, le quotidien *Liberation Daily* annonce le lancement d'un vaisseau spatial avant la fin de 1999 ou au début de l'An 2000 [111]. Deux semaines plus tard, pour renforcer l'impression d'une veillée d'armes, les autorités chinoises révèlent l'achèvement de la modernisation des navires de poursuite qui constituent la flotte Yuan Wang. Pékin précise que ces navires seront positionnés, dans quelques mois, sur tous les océans du globe pour assurer des liaisons permanentes avec un "nouveau type de véhicule spatial". En fait, ce déploiement rappelle celui des navires russes utilisés pour les vols spatiaux habités.

À la fin de l'hiver, les éléments de la fusée destinée au premier essai du vaisseau chinois sont acheminés à Jiuquan. L'information parvient à la Swedisch Space Corporation. La société suédoise, qui a utilisé en 1992 le cosmodrome de Jiuquan pour mettre en orbite son satellite Freja, estime que le tir d'une version modifiée de la fusée CZ-2E est imminent.

Ces spéculations sur les caractéristiques du lanceur continuent. Le constructeur des fusées chinoises se contente d'annoncer qu'il effectuera prochainement le tir d'un nouveau vecteur dédié aux vols pilotés. En mai 1999, un responsable de la CALT, Li Jianzhong, précise qu'il s'agira d'un vol entièrement automatique. Il serait suivi, quelques mois plus tard, par la mise en orbite d'un équipage car toutes les technologies nécessaires à cette opération, y compris les scaphandres, auraient été développées [112].

En définitive, le lanceur des cosmonautes chinois apparaît le 11 juin 1999 sur Internet. Deux photographies le montrent sur son pas de tir, à proximité d'un bâtiment d'assemblage qui ressemble beaucoup à celui des Navettes de Cap Canaveral. Sur les flancs du lanceur on peut lire : CZ-2F. Cette fusée emprunte sans conteste son architecture à la CZ-2E : deux étages principaux à ergols liquides flanqués, à la base, de quatre accélérateurs latéraux. La tour d'éjection et les volets aérodynamiques rappellent que la CZ-2F a été conçue pour lancer des hommes dans l'espace. L'origine de cette "fuite", qui intervient quelques jours avant l'ouverture du salon aérospatial du Bourget, n'est pas identifiée. Les photographies de la CZ-2F auraient été prises, en mai 1998, par un ouvrier ayant participé à l'édification des nouvelles installations de lancement [113].

111 – **Chen Lan**, "Chinese Manned Flight : No Timetable ", in *Dragon in Space* (http://www.geocities.c.eCanaveral/Launchpad/1921/news.htm).

112 – Informations publiées au début du mois de mai 1999 dans le quotidien *Yangcheng Evening News*.

113 – **Joseph C. ANSELMO**, "Manned Launcher or Clever Fake ?", in *AWST*, New York, 14/06/99, p. 85.

Ces nouvelles révélations accréditent les rumeurs selon lesquelles les Chinois pourraient célébrer le cinquantième anniversaire de la République Populaire en lançant leur premier vaisseau habitable. Erreur, aucun événement spatial ne trouble la commémoration, le 1er octobre 1999. Des annonces contradictoires font même état de difficultés budgétaires. D'aucuns affirment que le premier vol serait reculé au début du XXIe siècle ; de vagues intentions pour un avenir lointain. Ils se trompent...

▪ Le premier vol de Shenzhou

Le 17 novembre 1999, le quotidien de Honk Kong *Wen Wei Po* annonce que le lancement d'un nouvel engin spatial chinois est imminent.

Deux jours plus tard, à 22h30 TU (6h30 locale), après un compte à rebours ininterrompu de 8 h, le lanceur CZ-2F s'élance pour la première fois vers le firmament [114]. Il éclaire pendant quelques secondes la base de Jiuquan, ce lieu mythique témoin des grandes premières de l'astronautique chinoise. Pour les milliers de privilégiés [115] qui assistent au tir, la CZ-2F prend peu à peu l'allure d'un dragon en furie au fur et à mesure qu'elle s'éloigne. Un dragon qui se perd dans les solitudes glacées et étincelantes du cosmos. Au sol, c'est l'euphorie. Le personnel de la base, qui brave la nuit glaciale depuis des heures, célèbre le lancement par un gigantesque feu d'artifice. La suite des opérations est confiée au réseau de poursuite CLTC (China satellite Launch and Tracking Control General).

Toutes les séquences du vol sont suivies par le nouveau centre de contrôle et de commande aérospatial de Pékin. Les ingénieurs et les techniciens surveillent sur leurs consoles et des écrans géants la séparation des étages de la fusée CZ-2F porteuse du premier vaisseau habitable chinois. Ce dernier est en orbite après dix minutes de vol. L'atmosphère de la salle est fébrile. Sur les écrans de contrôle, des chiffres naissent et disparaissent et des cartes 3D indiquent les régions survolées par l'engin spatial, la trajectoire est nominale.

---

114 – **Yang Jian**, "New Leap Forward, Sidelights On First Experimental Flight of Manned Space Flight Programme", in ***Renmin Ribao***, Pékin, 21/11/99 (FBIS-CHI-1999-1123).

115 – "China Launches First Experimental Spacecraft", in ***Beijing Xinhua***, Pékin, 20/11/99 (FBIS-CHI-1999-1120).

Le vaisseau chinois glisse sur son orbite (196,3/324,4 km d'altitude et inclinée à 42,6°) sans effectuer une seule manoeuvre [116]. Plusieurs expériences scientifiques et techniques sont réalisées pendant le vol : observation de la Terre, microgravité, physique, astronomie, sciences de la vie, etc. Des études d'habitabilité (ergonomie, accélération, atmosphère, etc) complètent le programme avec un mannequin de 1,70 m bardé de capteurs et revêtu d'une combinaison intra-véhiculaire grise [117]. Plus tard, on appendra aussi que la capsule contenait plusieurs kg d'échantillons biologiques [118] (10 végétaux et 30 herbes médicinales). Enfin, pour ne pas déroger à la règle, le vaisseau chinois transporte des souvenirs commémoratifs : enveloppes "premier jour" célébrant le vol, une bannière rouge avec la signature de toutes les personnes ayant participé au Projet 921 (!...), le fanion de l'association olympique chinoise et deux drapeaux chinois qui doivent célébrer la rétrocession de Macao le 20/12/99 et l'An 2000 sur la place Tiananmen.

Le retour de Shenzhou dans l'atmosphère intervient à la quatorzième orbite le 20/11/99. L'opération est orchestrée par les quatre navires de poursuite de la flotte Yuan Wang, présents sur tous les océans. Le navire n°3, posté dans l'Atlantique sud, ordonne le retournement du vaisseau et l'allumage des rétro-fusées. A 18h48 TU, la capsule, qui s'est désolidarisée du module orbital, utilise les moteurs du module de service pour freiner et rentrer dans l'atmosphère. Le contact avec la capsule est perdu à 18 h 58 TU.

La descente est nominale. A 30 km d'altitude, un parachute est déployé pour freiner la capsule. À 1,5 m du sol, des petites fusées sont allumées pour amortir l'impact. À 19h41 TU, après 21 h 11 min de vol, la capsule du premier vaisseau habitable chinois se pose dans une zone désertique au centre de la Région Autonome de Mongolie Intérieure, à 12 km du point d'atterrissage prévu et 110 km de Wuhai. Elle est rejointe par trois hélicoptères qui transportent l'équipe de récupération.

116 – Données orbitales obtenues sur le site web du Suédois **Sven GRAHN** (http://www.users.wineasy.se/svengrahn/histind/China12/Shenzhou.ht).

117 – **Wei Long**, "Second Shenzhou Spacecraft Launch Imminent", in *SpaceDaily.com*, 7/01/01 (wysiwyg://5/http://www.spacedaily.com/news).

118 – **Wei Long**, "China Expands Space Breeding Program Using Recoverable Satellite", in *SpaceDaily.com*, 29/05/00 (http://www.spacedaily.com/news/china).

Le vol de Shenzhou-1

Go Taikonaut

Premier envol du vaisseau chinois et de sa fusée porteuse CZ-2F le 19 novembre 1999 à 22 h 30 TU.

Go Taikonaut

Des membres de l'équipe de récupération révèlent les dimensions de la capsule du vaisseau habitable chinois. La photographie a été prise peu après l'atterrissage de la capsule en Mongolie Intérieure, le 20 novembre 1999

Go Taikonaut

Le 24 novembre la capsule retourne à Pékin où elle est expertisée par les scientifiques chinois.

Les médias chinois s'emparent de l'évènement. Dans les reportages radio-télévisés et les quotidiens, les journalistes ne tarissent pas d'éloges sur les responsables du Projet-921. En matière de propagande, le pouvoir a parfaitement orchestré la communication sur ce vol spatial. On attribue aussi au président Jiang Zemin la paternité de "Shenzhou", le nom du vaisseau habitable chinois [119]. La presse anglo-saxonne donne plusieurs traductions erronées : "machine divine", "vaisseau divin", "vaisseau magique", etc. En fait, il est plus correct de traduire "Shenzhou" par "vaisseau céleste" [120].

Le succès est célébré par les plus hautes autorités politiques du pays. Le Comité central du Parti communiste chinois, le Conseil d'État et la Commission militaire centrale adressent aux participants du Projet 921 le message de félicitations suivant : *« nous exprimons nos plus chaleureuses félicitations et notre sollicitude à tous les personnels scientifiques et techniques, les cadres, les ouvriers et les officiers impliqués dans la conception, la réalisation et l'expérimentation du vaisseau spatial. Le succès du vol expérimental est le fruit de vos efforts pour améliorer concrètement la politique du Comité central du Parti communiste chinois pour moderniser la Nation avec la technologie et l'éducation selon les directives du camarade Jiang Zemin »* [121].

La capsule retourne à Pékin le 23 novembre. Le lendemain elle est inspectée par des personnalités politiques et les responsables du programme [122]. Le président Jiang Zemin est accompagné par le vice-président Hu Jintao, le responsable du Département des armements généraux de l'Armée populaire de libération Cao Gangchuan, le ministre Liu Jibin [123] en charge de la

119 – "Jiang Zemin Names China's 1st Spacecraft", in *Beijing Xinhua*, Pékin, 20/11/99.

120 – Un professeur de langue orientale m'a aimablement instruit sur la signification exacte de cette très ancienne locution chinoise. Elle signifie "Territoire divin" ou "terres habitées des Dieux". Il ajoute que le caractère *zhou* "territoire" est homophone du caractère *zhou* "bateau". En conséquence, il serait logique d'employer la traduction "nef divine". Les avis sont partagés. Une amie traductrice d'origine chinoise a critiqué le caractère trop religieux de cette traduction, surtout lorsqu'elle est employée par des personnalités communistes. Pour elle, le terme "Shenzhou" se traduirait mieux par "vaisseau céleste".

121 – "Top Chinese Authorities Comment Successful Experiment of First Spaceflight", *Xinhua News Agency*, Pékin, 21/11/99.

122 – "President Jiang Zemin Inspects "Shenzhou" Space Capsule", in *Beijing Xinhua*, Pékin, 24/11/99 (FBIS-CHI-1999-1124).

123 – **WANG**, "Further on Jiang Inspecting "Shenzhou" Space Capsule", in *Jiefangjun Bao*, Pékin, 24/11/99 (FBIS-CHI-1999-1125).

COSTIND (le mandataire du Projet 921) et une importante délégation de la Commission militaire centrale [124].

Malgré les déclarations chinoises, qui annoncent un programme d'essais ambitieux et réalisé à brève échéance, aucun vaisseau Shenzhou ne reprend la route de l'espace en 2000. Après la célébration du cinquantième anniversaire, la Chine prend tout le temps nécessaire pour analyser le premier vol de son vaisseau spatial. Annoncé à l'automne comme imminent, le second essai de Shenzhou sera finalement réalisé dans les premiers jours du XXIe siècle.

▪ Le second vaisseau transporte des animaux

Le 9 janvier 2001, à 17 h TU (1 h à Pékin), la Chine met en orbite son deuxième vaisseau spatial après deux mois d'intenses préparations [125]. L'ascension de la fusée est parfaite. La CZ-2F éclaire longtemps la zone de tir et le désert de Gobi recouverts par un épais manteau de neige.

Les manœuvres connues de Shenzhou-2

Date	Périgée	Apogée	Observations
09/01/01	169,8	334	Mise en orbite
10/01/01	328	333	Circularisation à la 14e orbite.
12/01/01	329	339	À la 45e orbite, première manœuvre d'élévation du vaisseau.
15/01/01	329	345,4	Manœuvre d'élévation du vaisseau.
16/01/01	330	345	Orbite du module orbital au début du vol autonome.
17/01/01	388	404	Première manœuvre du module orbital.
20/02/01	389	403	Seconde manœuvre pour réhausser l'altitude du module orbital.
15/03/01	394	405	Troisième manoeuvre pour réhausser l'altitude du module orbital.
24/08/01	Destruction du module orbital dans l'atmosphère après sept mois et demi de vol autonome.		

124 –À côté des vice-présidents Zhang Wanian et Chi Haotian, la délégation de la Commission militaire centrale, venue inspecter la capsule Shenzhou, comprenait les personnalités suivantes : Fu Quanyou, Yu Yongbo, Wang Ke, Wang Ruilin, Guo Boxiong, et Xu Caihou.

125 - "China Launches Second Unmanned Shenzhou Capsule", in *Aerospace Daily*, Washington, 11/01/01, p. 10.

À H+9mn et 43s, Shenzhou-2 se sépare du dernier étage de la CZ-2F. Il est placé sur une orbite basse à 169,8/334 km d'altitude et inclinée à 42,58° [126]. À cet instant, le contrôle de Jiuquan abandonne la poursuite du vaisseau spatial au Centre de contrôle et de commande aérospatial de Pékin [127]. Plus tard, le système de propulsion unifié circularise la 14e orbite à 328/333 km d'altitude qui est parcourue en 90 mn [128]. Le succès est au rendez-vous. Cette fois-ci, les Chinois n'attendent pas le retour du vaisseau pour claironner cette nouvelle opération spatiale et apporter quelques détails.

La presse officielle révèle que le compte à rebours a démarré 8 h avant le lancement. Les ingénieurs et techniciens ont effectué des contrôles sur la fusée et le vaisseau avant d'évacuer la tour de service et la zone de tir à H-30 mn, avertis par des fusées éclairantes [129]. Cette nuit-là, le froid (–13°C) qui règne sur la base de Jiuquan n'a pas ralenti leur inspection [130]. Le quotidien *Beijing Youth Daily* affirme que ces fenêtres de lancement nocturne faciliteraient la poursuite optique de la fusée [131]. En outre, les quatre navires Yuan Wang du réseau de poursuite CLTC bénéficieraient de conditions de navigation beaucoup plus favorables dans l'hémisphère sud lorsque le vent et la neige assaillent le nord de la Chine et sa base de Jiuquan. De ce fait, il faut envisager les prochains vols de Shenzhou seulement à l'automne ou en hiver. Si la Chine a pris de telles précautions avec un véhicule qui n'est pas encore habité, on peut douter qu'elle lance des cosmonautes avant d'étoffer son réseau de poursuite de stations fixes. En Chine, les installations sont opérationnelles. À l'extérieur, ce sera chose faite d'ici à 2002 lorsque la station qui a été construite en Namibie entrera en service. Son emplacement, au Sud de l'Afrique, n'est pas fortuit, c'est au-dessus de cette région que Shenzhou reçoit l'ordre de rentrer sur Terre.

126 – **Chen Lan**, "Shenzhou-2 status", in *Go Taikonauts !*, 10/01/01 (wysiwyg://24/http://www.geocities.com/CapeCanaveral/Launchpad/1921).

127 – **Wei Long**, "Shenzhou-2 Launches China Into New Century", in *SpaceDaily.com*, 12/01/01 (wysiwyg://4/http://www.spacedaily.com/news/china).

128 – **Chen Lan**, "Shenzhou-2 Raised To Higher Orbit", in *Go Taikonauts !*, 11/01/01 (wysiwyg://24/http://www.geocities.com/CapeCanaveral/Launchpad/1921).

129 – "China Greets 21st Century With New Unmanned Spacecraft", in *Chinadaily.com.cn*, 10/01/01 (wysiwyg://17/http://www.chinadaily.net/cover/storydb/2001/01/10).

130 – "China : Animal Astronauts to Undergo Experiments", in *Yahoo!Asia-News*, 11/01/01 (http://asia.dailynews.yahoo.com).

131 – **Wei Long**, "China Opens 21st Century With Shenzhou-2 Launch", in *SpaceDaily.com*, 12/01/01 (wysiwyg://36/http://www.spacedaily.com/news).

Mais pour ce vol, cette commande doit encore être transmise par le navire Yuan Wang-3 (YW-3) qui a été posté dans l'Atlantique sud. Les autres bâtiments se contentent, dans l'Océan Indien (YW-4) et l'Océan Pacifique (YW-1 et 2), de suivre les rondes du vaisseau autour de la Terre.

Shenzhou-2 n'est plus un prototype mais préfigure le futur vaisseau habité de la Chine Populaire. L'Agence de presse *Chine Nouvelle* indique que le nouvel engin possède toutes les qualités structurelles et technologiques requises pour le vol habité [132]. La masse de Shenzhou-2 a été réduite de

Les expériences de Shenzhou-2 [133] [134]

Thèmes des expériences	Observations
Médecine spatiale et Science de la vie	• Essai d'habitabilité du vaisseau spatial avec des souris (spéculations sur la présence à bord de Shenzhou d'un singe, d'un chien, d'un lapin et de plusieurs serpents) • Influence de l'environnement spatial et de l'apesanteur sur des oeufs et des larves d'insectes, des échantillons d'asperge, de carotte, d'algue, de chlorelle, etc. • Expériences sur des aliments transgéniques (amélioration des graines de tomate, de concombre, de chou chinois, de pomme de terre, de fleurs, etc.)
Biotechnologie	• Croissance de cristaux de protéines • Biologie macromoléculaire
Science des matériaux (Croissance des cristaux)	• Semi-conducteurs pour l'opto-électronique • Oxydes de cristaux • Alliages métalliques
Relations Terre-Soleil Astrophysique	• Étude de la haute atmosphère (mesure de la densité de l'oxygène atomique pour étudier la corrosion des matériaux du vaisseau spatial) • Surveillance de l'activité solaire • Détection des rayons cosmiques • Études du ciel (sources X et gamma)

132 – "Lancement réussi du vaisseau Shenzhou-2", in *Le Quotidien du Peuple*, Pékin, 10/01/01 (http://french.peopledaily.com.cn).

133 – **Peng Kalei**, "Shenzhou-2 to Return to Inner Mongolia", in *Hong Kong Wen Wei Po*, Hong Kong, 16/01/01 (FBIS-CHI-2001-0116).

134 – **Xi Qixin et Tian Zhaoyun**, "More on Shenzhou-2 Return, Scientific Experiment", in *Beijing Xinhua Domestic Service*, Pékin, 16/01/01 (FBIS-CHI-2001-0116).

100 kg grâce à une modification du câblage. Dans le domaine des télécommunications, le vaisseau possède des équipements opérationnels qui permettent aux opérateurs du centre de contrôle de tester les liaisons audio et vidéo. Par ailleurs, plusieurs systèmes de sauvegarde sont testés pour la première fois. C'est le cas de la tour de sauvetage. Pour assurer une fiabilité maximum, plusieurs équipements ont été doublés ou triplés ; ils sont surveillés en permanence par un détecteur de panne. En orbite, quatorze sous-systèmes subissent leur premier vol. C'est le cas du contrôle de l'environnement qui doit assurer la survie des échantillons biologiques et des petits animaux.

Cette ménagerie cosmique, préparée par l'ISME, constitue l'évènement de la mission. 25 spécimens biologiques sont installés dans trois containers spéciaux à bord de Shenzhou-2. On trouve, en particulier, 17 échantillons de micro-organismes, de plantes, d'organismes aquatiques et d'invertébrés ainsi que deux types de cellules de vertébrés. En complément de la médecine spatiale et des sciences de la vie, plusieurs établissements scientifiques avaient préparé des expériences concernant les matériaux et l'astrophysique, sous la direction du CSSAR.

En fait, la mission scientifique de Shenzhou-2 peut être considérée, à juste titre, comme la plus complexe jamais réalisée par la Chine [135]. Pas moins de 64 expériences ont été installées dans la capsule (15), dans le module orbital (12) et le container externe qui lui est associé (37).

La politique est encore au rendez-vous pour le second vol du vaisseau habitable chinois. Sur les écrans géants de la salle de contrôle de Pékin, on distingue les images très nettes du poste de pilotage avec une poupée (comme sur le Soyouz, elle indique l'accélération du vaisseau). Au-dessus de la planche de bord, une bannière félicite la capitale chinoise pour sa sélection comme ville candidate aux Jeux olympiques de 2008. Enfin, un drapeau de Macao rappelle le retour récent de la péninsule dans la RPC.

Le soutien des dirigeants chinois pour ce vol semble intact. Le lancement du vaisseau est salué par le Président Jiang Zemin qui a adressé un télégramme de félicitations à tous les participants du programme : *« j'exprime mes chaleureuses félicitations et mes salutations cordiales aux ingé-*

135 – **Chen Lan**, "Shenzhou-2 is a Space Lab", in *Go Taikonauts !*, 11/01/01 (wysiwyg://24/http://www.geocities.com/CapeCanaveral/Launchpad/1921).

nieurs et techniciens, aux cadres et aux employés ainsi qu'aux commandants et combattants de l'Armée Populaire de Libération de la Chine qui ont participé aux études scientifiques, à la fabrication et au lancement de ce vaisseau spatial non-habité et qui ont contribué à la réussite de Shenzhou 2 » [136] . On peut aussi remarquer la présence, dans la salle de contrôle, du ministre de la défense Chi Haotian, qui rappelle une nouvelle fois l'implication des militaires dans le Projet 921 "Shenzhou", et celle, plus surprenante, du fils du Président chinois... [137]

Le second vol de Shenzhou est nominal. Mais après l'euphorie du lancement, le centre de contrôle communique peu avec la presse. De ce fait, la première opération spatiale chinoise du XXIe siècle est presque oubliée lorsque la capsule se pose en Mongolie Intérieure à 11h22 TU (19h22 à Pékin) le 16 janvier 2001 après 6 j 18 h et 21 mn de vol et 108 orbites [138]. Mais les jours passent sans que Pékin ne diffuse une seule image de l'atterrissage. Cette absence de photographie inquiète les observateurs. La capsule a bien effectué une rentrée atmosphérique mais on ne sait toujours pas dans quel état elle s'est posée. En définitive, plusieurs sources mettent en cause la rupture d'une attache de parachute qui aurait provoqué un atterrissage brutal de la capsule. Ces mêmes sources indiquent que les animaux auraient survécu malgré ce retour mouvementé.

Le sort du module orbital est plus heureux. Il glisse imperturbablement sur son orbite. Selon une méthode qui a été employée dès le premier vol, cet élément est resté dans l'espace pour accomplir cette fois-ci un vol de longue durée. Le 17 janvier 2001, l'élévation de son orbite à 388/404 km d'altitude est inattendue. Elle annonce une longue croisière orbitale. Celle-ci s'achève pratiquement dans l'indifférence générale le 24 août 2001 à 9 h 05 TU. Après 260 jours de bons et loyaux services, le module orbital se désintègre dans les couches denses de l'atmosphère au-dessus de l'Océan Pacifique (33,1°S - 260,4°E). Il faut désormais considérer cette partie du vaisseau chinois comme un véhicule spatial à part entière qui s'apparente surtout à un embryon de station.

136 – "Félicitations du président Jiang Zemin pour le lancement du vaisseau Shenzhou-2", in *Le Quotidien du Peuple*, Pékin, 10/01/01 (http://french.peopledaily.com.cn/200101/10).

137 – **Moris JONES**, "Shenzhou Program Enjoys Growing Political Support", in *SpaceDaily.com*, 12/01/01 (wysiwyg://33/http://www.spacedaily.com/news/china).

138 – Informations diffusées par la télévision chinoise CCTV.

▪ Shenzhou-3

Le troisième vol du vaisseau habitable chinois paraît imminent au cours de l'été 2001. A la fin du mois de juillet, les médias annoncent le début d'une période "d'intense activité" avec le départ des navires de la flotte Yuan Wang qui suggère la conduite d'une opération spatiale au mois d'août. Mais, au début de l'automne aucun lancement de vaisseau n'a été effectué.

Le mutisme de Pékin conduit les "china watchers" à spéculer quant aux problèmes techniques ou budgétaires du programme. Le Projet-921 "Shenzhou" consomme certainement plusieurs centaines de millions de dollars chaque année. Mais les déclarations des responsables de l'astronautique n'attestent pas de difficultés particulières concernant le financement des vols habités. En revanche, l'absence d'information sur le retour de Shenzhou-2 permet de suspecter quelques défaillances.

En fait, des défauts sur le lanceur CZ-2F contraignent les Chinois à changer quelques équipements qui ne présentent pas toutes les garanties de fiabilité. De ce fait, le troisième lancement du vaisseau habitable de la CAST ne cesse d'être retardé. À la fin du mois d'octobre 2001, les Chinois annoncent que le transport du lanceur CZ-2F vers Jiuquan est imminent. La durée de la campagne de lancement (deux mois) permet d'envisager un tir au début de l'année 2002 ; il faudra encore attendre quelques mois ponctués par des déclarations souvent contradictoires.

En définitive, Shenzhou-3 quitte les steppes du Nord de la Chine dans la nuit du 25 mars 2002 à 22 h 15 (14 h 15 TU). Le tir est réalisé en présence de Jiang Zemin, du vice premier ministre Wu Bangguo, des responsables du Parti et de plusieurs dignitaires de l'APL. Le président chinois déclare : *« ce lancement montre que le peuple chinois est parfaitement capable de maîtriser les technologies les plus avancées en y apportant des innovations »*. Le déplacement du président Jiang Zemin à Jiuquan fait l'objet d'une couverture médiatique exceptionnelle qui démontre, une nouvelle fois, le soutien des autorités chinoises au Projet-921 "Shenzhou".

Peu après sa mise en orbite, le vaisseau déploie ses panneaux solaires. Le vol est nominal. Par rapport à ses prédécesseurs, Shenzhou-3 a encore été modernisé. Le directeur du programme, Wang Yongzhi, affirme que les caractéristiques du vaisseau sont totalement identiques à celles d'un vol habité. Le vaisseau fait l'objet de nombreux essais.

Ainsi, plusieurs liaisons audio et vidéo sont réalisées avec succès selon Gu Sheng, un responsable des télécommunications au BACCC. On peut le croire si on se réfère aux images très détaillées du poste de pilotage de Shenzhou diffusées sur les quatre écrans géants de la salle de contrôle de Pékin. De même, à l'instar des autres vols, le système d'environnement est testé avec des "cosmonautes virtuels" qui constituent certainement l'un des aspects les plus innovants du programme des vols habités chinois. Ces mannequins bardés de capteurs remplaceraient définitivement les "spécimens biologiques" et, en particulier, les singes pour évaluer et améliorer le système de support-vie (cabine, scaphandres, capteurs biomédicaux, etc.). Pour ne pas infliger aux animaux des souffrances inutiles, les responsables de l'ISME (Institute of Space Medico-Engineering) affirment que leurs "cosmonautes virtuels" simulent le métabolisme humain en fournissant des données plus précises. Ils sont aussi moins compliqués à transporter que les mammifères supérieurs. Ces mannequins seraient particulièrement utiles pour préparer les missions futures à destination de la Lune ou des planètes. À bord de Shenzhou-3, ils ont été placés dans le compartiment de descente et le module orbital.

Après un peu plus de six jours de vol et 108 orbites, la capsule de Shenzhou-3 atterrit le 1er avril (8 h 51 TU) dans un désert de la région autonome de Mongolie Intérieure, au Nord de la Chine. La diffusion d'images de la capsule quelques heures après son retour sur Terre suggère un atterrissage moins mouvementé que celui de Shenzhou-2 en janvier 2001.

Le retour a été orchestré par le réseau de poursuite chinois CLTC. À aucun moment, la Chine ne mentionne l'utilisation de ses nouvelles stations d'outremer dans l'archipel des Kiribati ou en Namibie ; dans le futur, celles-ci devraient pourtant respectivement assurer la poursuite du vaisseau spatial et déclencher sa désorbitation. Pour Shenzhou-3, cet ordre est encore transmis par un navire (YW-3) posté dans l'Atlantique sud.

Selon une procédure rodée avec les deux vols précédents, le module orbital ne se désintègre pas dans l'atmosphère. Après s'être séparé du reste du vaisseau, il prend son autonomie, tel un embryon de station spatiale, pour croiser plusieurs mois en orbite basse. C'est à bord de ce module que les Chinois ont disposé la plupart des 44 expériences qui couvrent les domaines suivants : observation de la Terre, étude de la haute atmosphère, astrophysique, sciences des matériaux, sciences de la vie et technologie.

Désormais, en l'absence d'autres satellites scientifiques, Shenzhou semble concentrer toutes les ambitions de la République Populaire pour observer la Terre et l'Univers et utiliser la microgravité.

À l'instar des autres vols, c'est le CSSAR (Center for Space Science and Applied Research) de l'Académie des Sciences qui supervise la réalisation des équipements scientifiques de Shenzhou-3 dont plusieurs volent pour la seconde fois (four de cristallisation, module de croissance des protéines, etc.). Le contrôle de ces équipements et l'exploitation des données scientifiques sont assurés par le POAC (Payload Operation and Application Center) du CSSAR, situé à Pékin. Les Chinois sont encore très discrets sur le contenu des expériences scientifiques. Officiellement, Pékin affirme qu'il s'agit *« d'utiliser les ressources de l'espace pour optimiser l'utilisation du vaisseau spatial et améliorer la vie sur Terre »*.

Le troisième vaisseau habitable transporterait aussi un petit satellite ; il aurait été fixé à l'avant du vaisseau. Révélé par l'analyste américain Charles Vick, il s'agirait du nanosatellite Chuang Xing-1. Les Chinois ne cachent plus leur intérêt pour les petits satellites de 1 à 100 kg qui sont surtout étudiés par l'Université Tsinghua. Il y a quelques mois, cette université a proposé la création d'un petit satellite "Compagnon" pour effectuer à proximité de la station spatiale internationale (ISS) des expériences en microgravité et tester de nouvelles technologies.

Le vol de Shenzhou-3

Xinhua

La capsule de Shenzhou-3 après son atterrissage le 1/04/02.

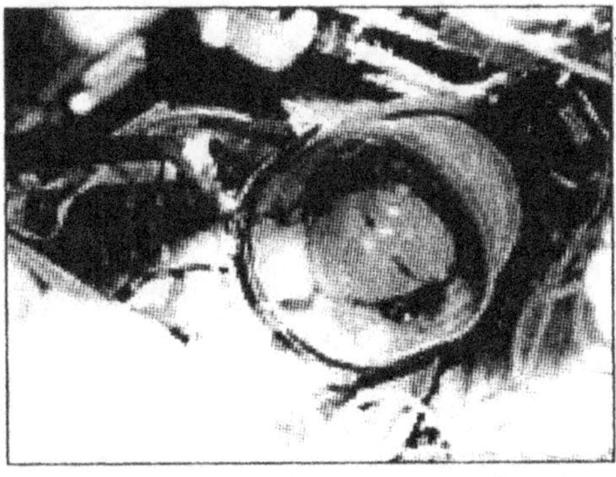

Xinhua

Première photographie d'un "cosmonaute virtuel". Ce mannequin instrumenté constitue l'une des innovations majeures du Projet-921 "Shenzhou".

* *
*

La suite du programme est à peu près connue. Le manifeste, révélé par les Chinois au début de 2002, prévoit au moins deux autres vols automatiques de Shenzhou avant la mise en orbite d'un équipage en 2003 ou 2004. Les essais réalisés à l'occasion du dernier vol seront renouvelés. En fait, la mise au point de Shenzhou requiert davantage de manœuvres et la qualification de la pièce d'amarrage. Il n'est pas exclu que cette opération mette en œuvre deux vaisseaux : à Jiuquan, le bâtiment d'assemblage autorise la préparation simultanée de deux lanceurs. Une autre solution consisterait à rejoindre le compartiment orbital laissé par un vaisseau précédent.

Les Chinois se hâtent lentement mais sûrement pour que leurs cosmonautes empruntent un vaisseau surqualifié. Les responsables du Projet-921 souhaitent que Shenzhou puisse effectuer toute sorte d'opérations en orbite basse et assurer des liaisons régulières entre la Terre et une station spatiale qu'elle soit étrangère ou autochtone.

La seconde partie de cet ouvrage démontrera comment cet objectif peut être atteint à court terme [139] et il décrira les autres ambitions spatiales de la Chine.

139 – Cet objectif serait réalisé avant 15 ans si on se réfère aux propos de Cui Yunfei, le directeur du centre de contrôle de Xian – **Maggi BARNARD**, "Chinese Space Research Station to Track Spaceship to Manned Satellite", in *Windhoek the Namibian*, 08/12/00 (FBIS-CHI-2000-1208).

Deuxième partie

Système et perspectives des vols spatiaux habités chinois

Vous glorifiez la nature et méditez sur elle :
Pourquoi ne pas la domestiquer et la régler ?
Vous suivez la nature et chantez sa louange :
Pourquoi n'en pas contrôler le cours et l'utiliser ?
Je dis en conséquence : négliger l'effort de l'Homme et spéculer sur la nature, c'est méconnaître la réalité du Monde.

Sun Tzu

L'imagination est l'amie de l'avenir.

Antoine Rivarol,
Les Pensées, Le cherche midi éditeur

6

Le vaisseau spatial

Le "vaisseau fantôme" des années 1970 – Shenzhou : le "vaisseau céleste" des années 1990 – Quelques technologies chinoises pour le vaisseau habité

Ce chapitre met en relation les informations "distillées" par la Chine au sujet de son vaisseau spatial et de quelques technologies associées. En raison du caractère encore très confidentiel du Projet 921, la description de Shenzhou ne peut être exhaustive.

Les "vaisseaux fantômes" des années 1970

Les spéculations sur le vaisseau chinois sont aussi anciennes que les premières rumeurs sur le vol habité. Ce sont les lanceurs chinois et leurs performances qui permettaient aux spécialistes d'effectuer des portraits robots du véhicule. Dès le lancement des premières capsules récupérables FSW, ces derniers analysaient leurs caractéristiques pour savoir si elles étaient compatibles avec le vol habité. La capsule Mercury, qui avait mis en orbite les premiers astronautes américains, constituait la référence en matière de compacité et d'exiguïté. Il s'agissait alors de comparer les capsules récupérables chinoises avec la Mercury pour se faire une idée sur les capacités réelles de l'Empire du Milieu. Les performances des lanceurs chinois permettaient effectivement la mise en orbite d'une masse comparable au vaisseau américain. De ce fait, sans le savoir, les spécialistes ont tracé très tôt le contour du vaisseau Shuguang-1.

Avec l'évolution des lanceurs et des capsules chinoises, nos détectives du "Tiers-espace" changent de mètre étalon en introduisant la cabine biplace

Le Vaisseau fantôme

Pour desservir une station spatiale, la Chine a dû concevoir un vaisseau plus performant que la capsule monoplace Shuguang. En toute logique, il s'agissait d'un véhicule biplace même si la rumeur a souvent accrédité la thèse du vaisseau quadriplace. Mao aurait approuvé cette version qui dépassait la capacité de transport des vaisseaux américains (Apollo) et soviétiques (Soyouz) limitée à trois occupants. Mais si on se fie aux lanceurs disponibles dans les années 1970, un vaisseau biplace paraît plus crédible. Pour s'en convaincre, des photographies de l'ISME, publiées dans les années 1980, montrent des essais en chambre d'altitude réalisés systématiquement avec deux candidats cosmonautes. Ce "Gemini chinois" pouvait être lancé par une fusée CZ-2 modifiée depuis la base de Jiuquan. En orbite, il aurait effectué des vols en solo ou à destination d'une station spatiale comme l'a suggéré Jen Hsi-min. Enfin, les scaphandres portés par les aspirants cosmonautes, à la fin des années 1970, montrent que le problème des sorties extra-véhiculaires avait été abordé.

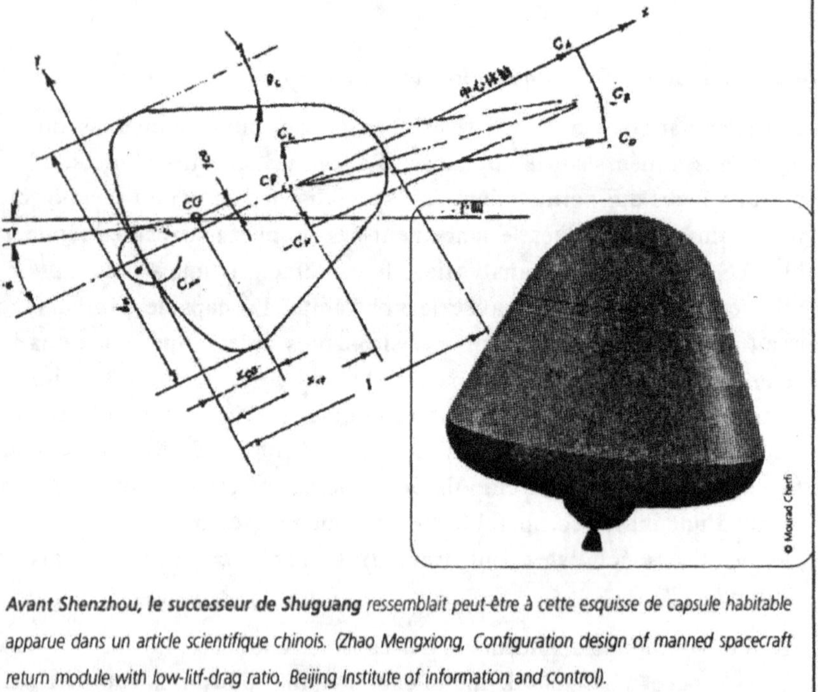

Avant Shenzhou, le successeur de Shuguang *ressemblait peut-être à cette esquisse de capsule habitable apparue dans un article scientifique chinois. (Zhao Mengxiong, Configuration design of manned spacecraft return module with low-litf-drag ratio, Beijing Institute of information and control).*

américaine Gemini [140]. La “Gemini chinoise” a eu la faveur des analystes après les révélations de 1978 concernant le développement d’une station spatiale. À cette période, plusieurs fusées chinoises possédaient les performances requises pour lancer un vaisseau plus sophistiqué muni d’un sas de liaison. Après Shuguang, il est très probable que le vaisseau biplace correspondait au projet étudié par la Chine pendant les années 1970. Les photographies publiées dans les années 1980 montrent souvent deux aspirants cosmonautes effectuer ensemble des essais dans les installations de l’ISME.

En dépit des rumeurs sur le développement d’un avion spatial chinois, la capsule balistique récupérable a toujours eu la faveur des *“china-watchers”*. Indépendamment des considérations technologiques, ce type d’engin spatial correspond aux moyens d’entraînement développés par l’ISME. Par exemple, l’utilisation d’une centrifugeuse nous renseigne sur la dynamique du vol du vaisseau spatial. L’utilisation de cet équipement est idéale pour reproduire les fortes accélérations caractéristiques d’une capsule récupérable. Par comparaison, l’entraînement des équipages de la Navette Spatiale américaine ne requiert pas l’usage d’un tel dispositif. Le lancement et la rentrée planante d’un avion spatial produisent des facteurs de charge beaucoup plus faibles. Une autre installation de l’ISME, la tour d’impact, révèle la nature brutale du retour qui, là aussi, ne peut être assimilé à celui d’un avion spatial atterrissant avec la souplesse des aéronefs classiques. Assurément, ce simulateur est la réplique de ceux utilisés dans les années 1960 pour reproduire l’impact à l’atterrissage des premières capsules.

Au milieu des années 1990, la coopération des Chinois avec les états de l’ex-Union Soviétique apporte de nouveaux arguments en faveur de la capsule. Le fait que la Chine acquiert du matériel chez les Russes et les Ukrainiens indique l’adoption de solutions techniques proches des vaisseaux Soyouz qui possèdent, eux aussi, des capsules récupérables. Plus encore, la formation de deux aspirants cosmonautes chinois (Wu Tse et Li Tsinlung) sur les simulateurs de ces engins semble apporter une preuve définitive sur l’architecture du vaisseau chinois. C’est effectivement une sorte de Soyouz qui est présenté par les responsables de la CAST en mars 1998. Pour les spécialistes, cette version s’inspire directement du Soyouz A/7K conçu au début des années 1960 par l’équipe de Korolev.

140 – Le programme Gemini fut réalisé par la NASA, entre 1962 et 1966, pour acquérir toutes les techniques nécessaires (navigation, rendez-vous, sorties extra-véhiculaires, etc.) à l’accomplissement des opérations lunaires Apollo.

▪ Shenzhou : le "vaisseau céleste" des années 1990

Les photographies et les maquettes de Shenzhou diffusées à l'occasion du premier vol confirment l'influence russe : une capsule solidaire d'un compartiment de service (à l'arrière) et d'un module orbital. Pourtant, il ne s'agit pas d'une copie parfaite du Soyouz. Le vaisseau chinois comporte plusieurs différences notables. Voici la description du vaisseau spatial habitable de la République Populaire :

- **Le compartiment de service** – C'est un cylindre non pressurisé (2,94 m de long pour 2,8 m de diamètre) flanqué d'une paire de quatre panneaux solaires (24 m^2) qui fournissent environ 1 kW. Le compartiment de service c'est aussi la "chambre des machines" qui renferme l'installation motrice principale et tous les systèmes vitaux de Shenzhou (ordinateurs, communication, etc.). L'installation motrice comprend quatre moteurs principaux – fixés à l'arrière de ce module – pour les "changements de vitesse" qui autorisent les manœuvres orbitales et le freinage du vaisseau (retour). Le contrôle d'attitude – le gouvernail de Shenzhou – est assuré par huit paires de moteurs de forte poussée et quatre paires de moteurs de faible poussée. Enfin, un radiateur en anneau, fixé sur la paroi du module de service, évacue le surplus de chaleur.

- **La capsule récupérable** – La partie médiane du vaisseau chinois épouse la forme d'une cloche ; c'est la forme aérodynamique qui offre le plus grand volume admissible pour un véhicule de rentrée. Une forme conique aurait présenté l'inconvénient d'un volume très réduit capable d'abriter au maximum deux cosmonautes. A contrario, cette cabine peut accueillir trois cosmonautes. Ils sont assis sur des sièges adossés au bouclier thermique et légèrement inclinés (15° par rapport à l'horizontal). Les cosmonautes russes Berezovoï et Filipchenko ont été frappés par la ressemblance de la capsule asiatique avec celle de leur Soyouz ! Shenzhou serait une extrapolation 13% plus volumineuse (2,06 m de long pour 2,5 m de diamètre) du module de descente russe. Les Chinois n'ont pas hésité à adopter un système éprouvé autour de la Terre (Soyouz) et de la Lune (Zond). Aucune image ne permet de décrire l'aménagement de cette partie vitale qui abrite l'équipage dans toutes les phases actives du vol spatial (lancement, rendez-vous, retour,

Shenzhou

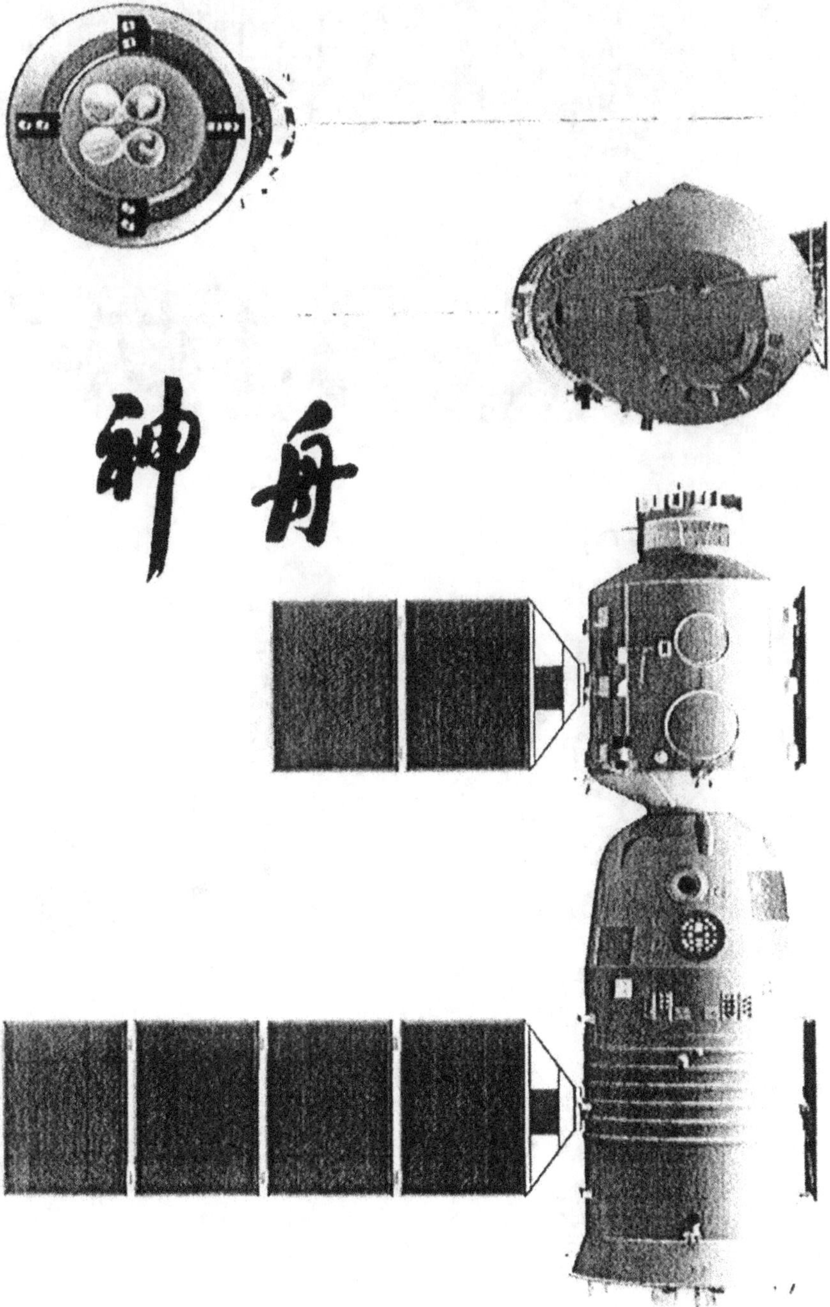

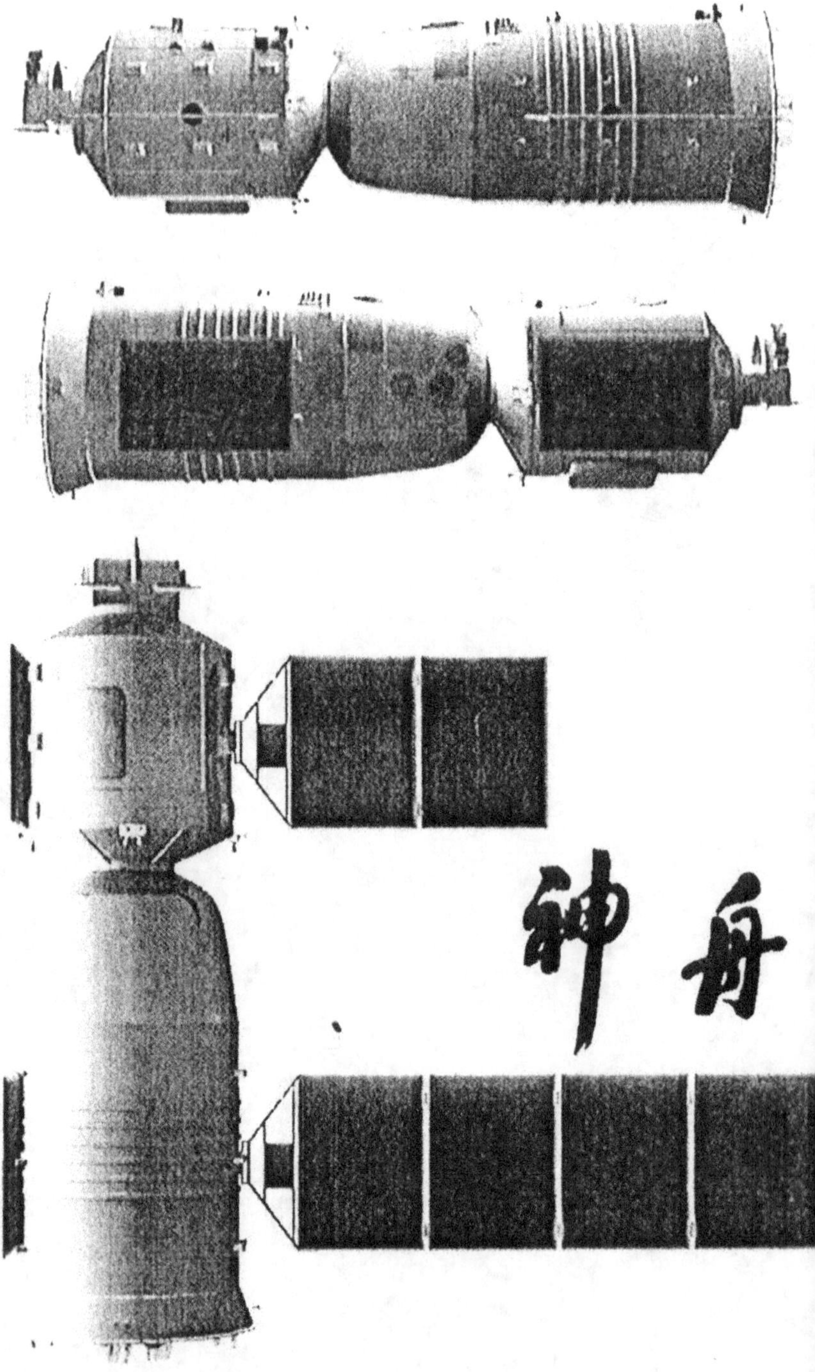
神舟

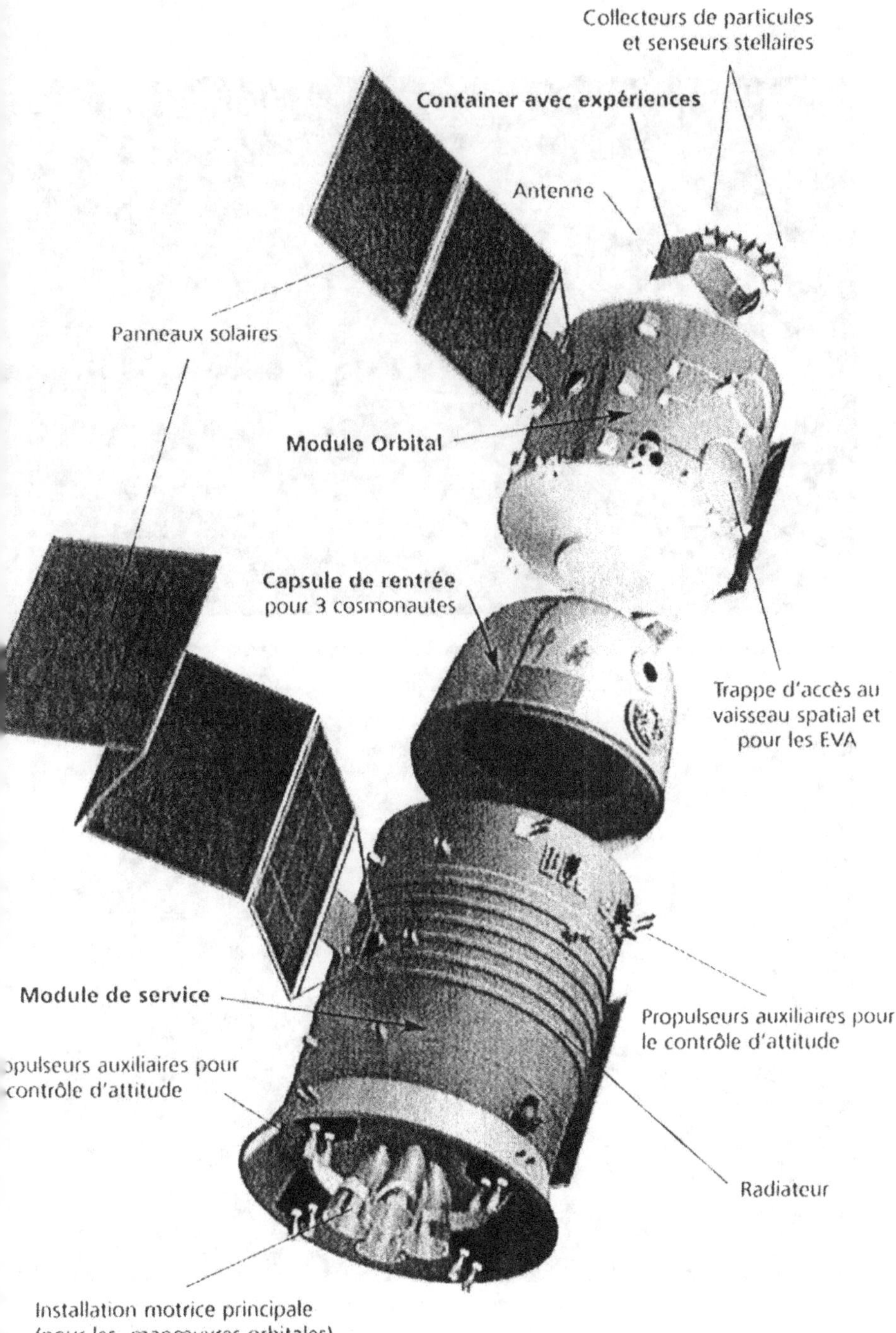

Collecteurs de particules
et senseurs stellaires
Container avec expériences
Antenne
Panneaux solaires
Module Orbital
Capsule de rentrée
pour 3 cosmonautes
Trappe d'accès au
vaisseau spatial et
pour les EVA
Module de service
Propulseurs auxiliaires pour
le contrôle d'attitude
pulseurs auxiliaires pour
contrôle d'attitude
Radiateur
Installation motrice principale
(pour les manœuvres orbitales)
© Mourad Cherif

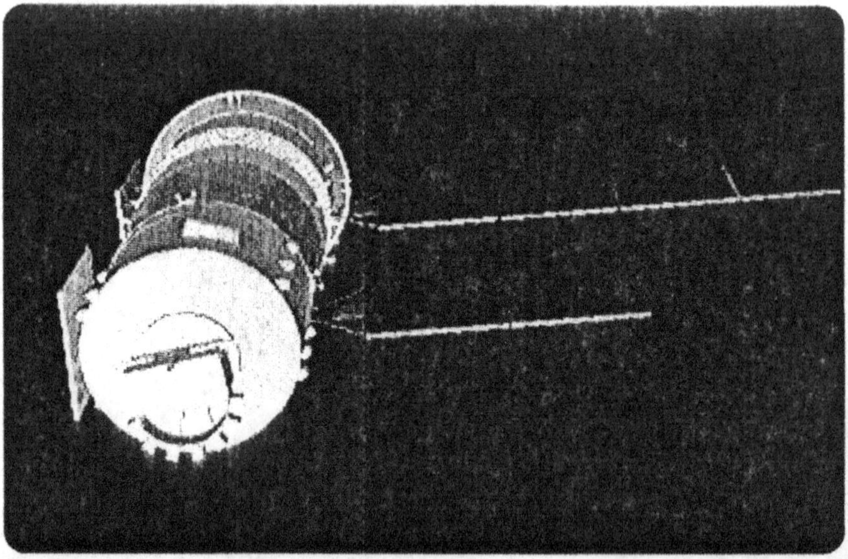

© Mourad Cherfi

Shenzhou : vue de face – La structure et l'anneau circulaire fixés sur le compartiment orbital sont provisoires, ils seront remplacés par un système d'amarrage quand les vols seront habités.

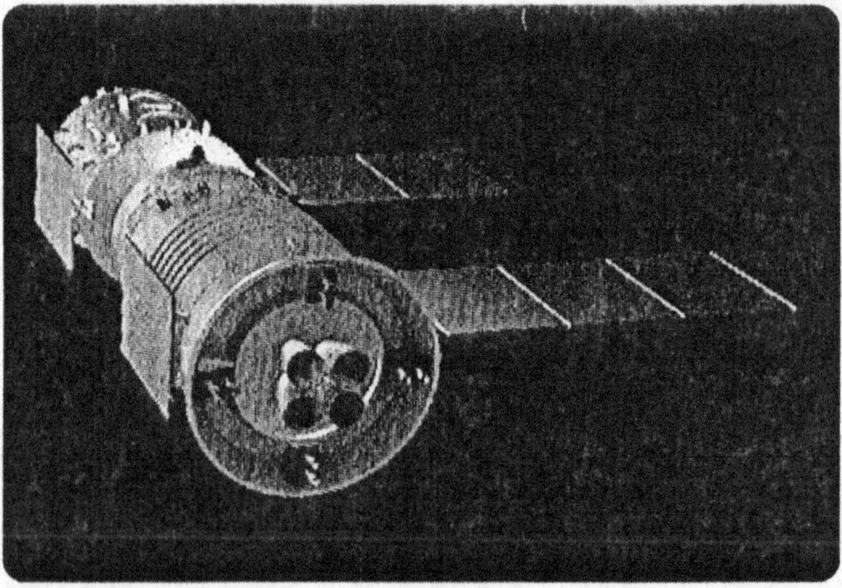

© Mourad Cherfi

Shenzhou : vue arrière – L'installation motrice comprend 4 propulseurs principaux (au centre) pour les manœuvres orbitales et le freinage du vaisseau (retour). Les 4 paires de propulseurs, situées à la périphérie, assurent l'orientation.

etc.). La seule indiscrétion, révélée par les images du centre de contrôle de Pékin, concerne la planche de bord. Les instruments paraissent beaucoup plus modernes que ceux du Soyouz : écrans conversationnels, afficheurs électroniques, etc.

- **Le compartiment orbital** – Il est fixé au sommet de la capsule. Un système de contrôle d'attitude (quatre groupes de quatre moteurs) et une paire de deux panneaux solaires (12 m^2) assurent l'autonomie du compartiment orbital pendant une période maximale de six mois. Ce module (2,8 m de long pour 2,25 m de diamètre) est l'antichambre de la station spatiale ; les cosmonautes peuvent y vivre et travailler en manche de chemise. À l'extrémité du compartiment orbital – l'avant du vaisseau Shenzhou – les Chinois ont fixé un container assez volumineux qui renferme une charge utile scientifique. Un demi-anneau circulaire, avec d'autres expériences, et trois antennes sont fixés sur ce container. Dans l'avenir, le container sera remplacé par une pièce d'amarrage pour la jonction avec un autre vaisseau spatial ou une station orbitale. Ce système, emprunté à la technologie russe, serait entièrement compatible avec la station spatiale internationale et les vaisseaux qui la desservent (Navette, Soyouz, Progress, ATV et HTV).

Le vaisseau Shenzhou est réalisé à Pékin et à Shanghai respectivement dans les établissements de la CAST (maître d'œuvre) et de la SAST (principal sous-contractant). Par ailleurs, dans le cadre du Projet 921, un nouveau Centre de recherche et d'essai des technologies spatiales a été construit, à partir de 1994, à Tangjialing, au Nord-ouest de la capitale chinoise. C'est dans ce centre que les deux capsules de Shenzhou ont été expertisées après leur retour sur Terre.

▪ Quelques technologies chinoises pour le vaisseau habité

Aujourd'hui, il n'est pas possible de décrire tous les systèmes qui ont été développés pour mettre en œuvre les vols habités du Céleste Empire. On peut seulement orienter le lecteur sur quelques pistes intéressantes révélées ou découvertes au hasard des documents commerciaux et des articles scientifiques dont la diffusion est encore très limitée. Pour commencer, il faut évoquer le scaphandre qui fut le premier équipement révélé par la presse chinoise il y a plus de vingt ans.

Les scaphandres

© Mourad Cherfi

Scaphandre IVA (EVA ?) développé dans les années 1970 pour le premier projet de vol spatial habité.

Scaphandre IVA apparu dans une brochure commerciale à la fin des années 1980. Il s'agit de la dernière version autochtone.

ISME

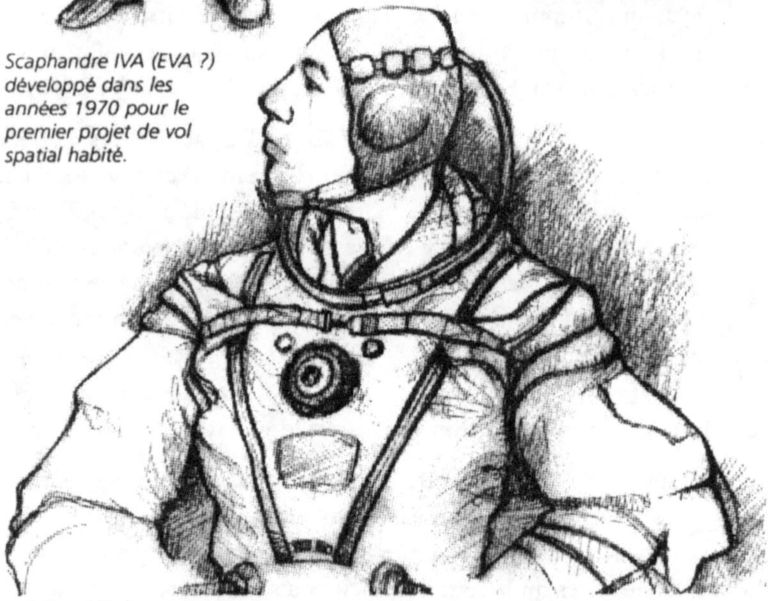

© Mourad Cherfi

Le scaphandre porté par les cosmonautes de Shenzhou ressemble à la tenue Sokol développée par la société russe Zvezda pour les occupants du Soyouz.

• **Les scaphandres** – Les photographies publiées en 1980 montraient des scaphandres identiques à ceux portés par les premiers voyageurs de l'espace. La couleur blanche des premiers costumes spatiaux chinois suggère qu'ils pouvaient être utilisés pour des sorties extra-véhiculaires. Cette tenue pressurisée comprenait plusieurs couches protectrices composées de fibres synthétiques. Celles-ci étaient complétées par du caoutchouc dans le dos du scaphandre. Une fermeture éclair spéciale assurait l'herméticité de la combinaison. À cette époque, les Chinois affirmaient que ce modèle avait été testé et qu'ils possédaient une version plus évoluée qui aurait permis à un cosmonaute de s'alimenter à partir d'une réserve intérieure. En visitant l'ISME, qui avait participé à l'élaboration du scaphandre, les experts occidentaux ont pu évaluer le degré de complexité des premières réalisations. Pour eux, le premier scaphandre chinois était comparable aux tenues pressurisées portées par les pilotes américains de U-2 ou de SR-71 et les astronautes du programme Gemini. Cette ressemblance avec les tenues spatiales américaines résulte probablement de l'ingénierie inverse effectuée sur les combinaisons des pilotes de U-2 capturés par les Chinois.

Un nouveau modèle de scaphandre apparaît au début des années 1990 dans un document promotionnel de l'ISME. Par rapport à la première version, l'aspect extérieur du scaphandre révèle sans conteste sa fonction. Sa couleur rouge n'est pas compatible avec les sorties extra-véhiculaires car il est préférable que la lumière solaire soit réfléchie par des combinaisons blanches. De ce fait, on peut affirmer que cette nouvelle tenue de vol est de type intra-véhiculaire, c'est-à-dire qu'elle est uniquement destinée à protéger le cosmonaute contre une dépressurisation accidentelle de sa cabine lors des phases actives du vol spatial (lancement, rendez-vous et rentrée dans l'atmosphère). On peut aussi ajouter que la couleur de cette combinaison faciliterait la localisation du cosmonaute après l'atterrissage dans le cas où ce dernier devrait sortir de son véhicule.

La présentation de ce scaphandre ne correspondait pas aux méthodes traditionnelles de contrôle de l'information qui caractérisent toutes les activités spatiales chinoises. Pour qu'elle soit révélée, cette combinaison devait être obsolète. En fait, l'introduction des technologies russes dans le Projet-921 allait résoudre tous les problèmes de scaphandre de l'ISME. L'Institut chinois publie en 1998 de nouvelles photographies qui montrent une tenue intra-véhiculaire bien connue des spécialistes de l'astronautique, celle portée par les cosmonautes russes.

Le mystère demeure en ce qui concerne les sorties extra-véhiculaires. Les Chinois se sont pourtant attelés au problème car ils prévoient d'en effectuer avec le vaisseau Shenzhou pour préparer l'exploitation des futures stations orbitales et arpenter les terres du ciel. Récemment, l'Université aéronautique et astronautique de Pékin a publié une brochure qui suggère qu'elle développe et teste un scaphandre de sortie.

• **Senseurs biomédicaux** – Le cosmonaute est pourvu de senseurs biomédicaux qui permettent au centre de contrôle de connaître son comportement physiologique. L'ISME a développé depuis plusieurs années des senseurs qui sont désormais proposés à la commercialisation. Ils ont été testés, pour la première fois, sur un mannequin à bord du premier vaisseau Shenzhou.

• **Système de détection de panne à base de réseaux neuronaux adaptatifs** – L'Institut de commande et de technologie a réalisé pour Shenzhou un système de détection de panne utilisant des réseaux neuronaux adaptatifs. Les concepteurs du système ont pris en compte tous les types de défaillance rencontrés sur les vaisseaux russes et américains pour élaborer un système d'aide à la décision unique utilisant avec succès des matériels informatiques du commerce (Visual C++ 6.0 de Microsoft sur PC) [141].

• **Système de navigation avec GPS différentiel** [142] [143] – Shenzhou comporte un système de navigation à base de GPS différentiel (acronyme anglais DGPS). Le DGPS est une technique dans

141 – **TANG Li-wen** et **SHEN Huai-rong**, *Research of Intelligent Fault Diagnosis and Assistant Decision for Manned Spaceship Based On Neural Network*, IAF-00-W.2.03, 51st IAF Congress, Rio de Janeiro, 2-6/10/00.

142 – **Jianping Yuan**, **Qun Fang** et **Jianjun Luo**, *Cooperative Spacecraft Navigation Based on GPS and DGPS*, IAF-97-M.6.07, 48th IAF Congress, Turin, 6-10/10/97.

143 – **Jianjun Luo** et **Jianping Yuan**, *The application of DGPS to Space Station System*, IAF-98-A.3.08, 49th IAF Congress, Melbourne, 28/09/98 - 2/10/98.

laquelle deux récepteurs GPS opèrent simultanément à différentes positions pour améliorer la précision du positionnement, de la vitesse, de l'attitude, etc. Pour Shenzhou, la navigation est l'affaire de l'Université polytechnique du Nord-ouest de Xian (études des

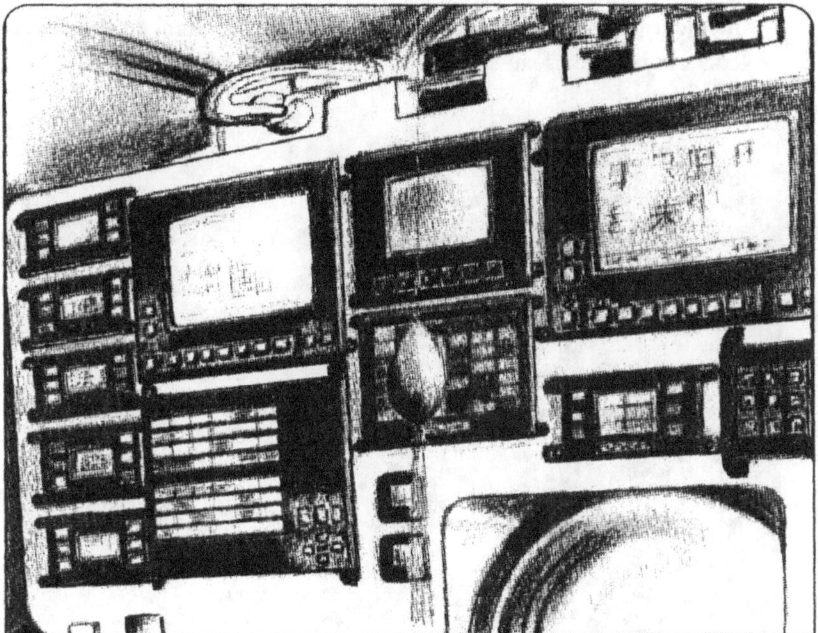

© Philippe Coué

La planche de bord de Shenzhou telle qu'elle est apparue sur les écrans de la salle de contrôle des vols spatiaux de Pékin.

L'instrumentation est assez éloignée du Soyouz et paraît plus moderne. Sur cette vue, on distingue trois écrans cathodiques conversationnels (partie supérieure) et cinq indicateurs LCD (à gauche) qui renseignent les cosmonautes sur l'état de fonctionnement des systèmes. Ces indicateurs remplacent les "sucres translucides" qui illuminent la cabine russe. Le seul équipement qui rappelle la filiation de Shenzhou avec le Soyouz est l'écran circulaire qui se trouve au milieu et dans la partie basse de la planche de bord. Sa fonction est probablement identique au Vizor russe, c'est un système de vision périscopique pour piloter à vue le vaisseau spatial. Enfin, la "poire", suspendue devant la planche de bord, permet à l'équipage de connaître la direction de l'accélération pendant les phases propulsées et l'apparition de l'apesanteur (une autre tradition du Soyouz).

trajectoires et des équipements de navigation dont le DGPS) et de l'Institut des équipements de contrôle de Pékin (équipements de navigation et plate-forme inertielle).

• **Réalité virtuelle** [144] [145] : Les Chinois (ISME et CAST) ont généralisé l'emploi de la réalité virtuelle pour le Projet 921. Cette technique est utilisée pour entraîner les cosmonautes, effectuer un support médical à distance (télémédecine spatiale) et bien entendu pour concevoir le vaisseau spatial.

© Philippe Coué

Shenzhou : une version chinoise du Soyouz, avec quelques différences

caractéristiques	Shenzhou	Soyouz
Diamètre	2,8 m	2,7 m
Longueur	8 m	7,9 m
Envergure	19,4 m	10 m
Masse	7800 kg	7200 kg

144 – **Shanguan CHEN**, *Virtual Reality and its Applications in Space Medico-engineering*, IAF/IAA-96-G.3.08, 47th IAF Congress, Pékin, 7-11/10/96.

145 – **Shanguan CHEN, Qianxiang ZHOU et Guhoa JIANG**, *A Virtual Reality Experimental System for Ergonomical Layout Design of Cockpit in Manned Space Vehicle*, IAF/IAA-00-G.3.07, 51st IAF Congress, Rio de Janeiro, 2-6/10/00.

7

Autres systèmes sols et spatiaux pour Shenzhou

Ascenseur pour le cosmos – Une base de lancement dans le désert de Gobi - Le réseau de poursuite – La préparation des équipages au vol spatial

Par rapport à tous les autres systèmes de transport, le vaisseau spatial requiert certainement la logistique la plus complexe : lanceur, cosmodrome, réseau de poursuite et centre de formation des cosmonautes.

▪ Ascenseur pour le cosmos [146]

La CZ-2F, utilisée pour les vols habités, est une fusée de 58,34 m avec une masse de 479,7 t au décollage. Elle peut placer 9,5 t en orbite basse. C'est une version très modernisée de la CZ-2E. Cette dernière fut mise en service le 16 juillet 1990, dix-huit mois après la décision du Premier ministre Li Peng d'en lancer la construction (en 1988) [147]. Avec la CZ-2E, la Chine a augmenté ses capacités de lancement en orbite géostationnaire (3,5 t en GTO). La fusée CZ-2E a été utilisée à sept reprises avec un taux de réussite de 80 %. Pour obtenir la fiabilité requise pour le vol habité avec la CZ–2F, la CALT (le maître d'œuvre des lanceurs chinois) a dû adopter un processus qualité proche des normes occidentales.

Les trois premiers vols de Shenzhou montrent que des solutions adéquates ont été mises en pratique sur le lanceur CZ-2F. Les normes draconiennes appliquées à cette nouvelle fusée n'excluent pas l'adoption d'un système de sauvetage pour garantir la survie de l'équipage au début du vol. Les Chinois

146 – Toutes les données sur le lanceur CZ-2F proviennent de l'Encyclopedia Astronautica de Mark Wade ou des documents chinois sur les lanceurs.

147 – En général, il faut quatre à cinq années pour développer des lanceurs en Chine. - "New upper stage for China's Latest Launch", in *Spaceflight* vol 32/n°10, Londres, 10/90, p. 327.

ont acquis et adapté le dispositif développé par les Russes pour leur vaisseau Soyouz. Ainsi, le sommet de la fusée CZ-2F ressemble beaucoup à celui de son homologue russe destinée aux vols habités : la coiffe porte quatre volets aérodynamiques et une tour d'éjection. Celle-ci servirait à évacuer l'équipage si un incident survenait sur le pas de tir ou pendant les premières minutes du lancement (plage de fonctionnement comprise entre H–15' et H+2'40"). Le système de sauvetage peut être activé automatiquement par les détecteurs de pannes du vaisseau, par les contrôleurs au sol ou par l'équipage. Les Chinois affirment que la fiabilité de la tour de sauvetage atteint 0,995. Quant aux volets aérodynamiques, ils stabiliseraient la partie du vaisseau éjectée.

Caractéristiques des étages du lanceur CZ-2F

	accélérateurs latéraux	premier étage	second étage
Longueur (m)	16	23,7	15,5
Diamètre (m)	2,3	3,4	3,4
Masse à vide (t)	4 x 3	9,5	5,5
Masse d'ergols (t)	4 x 40	200	90
Ergols	N2O4/UDMH	N2O4/UDMH	N2O4/UDMH
Type de moteur	4 x YF-20B	YF-20B	YF-23 et YF-25
Poussée (kN)	800	3 200	800
Isp (sec.)	289	289	295
Tps de fonct. (sec)	128	166	295

Chronologie des événements pour la mise en orbite de Shenzhou

H 0 Décollage du lanceur de la base de Jiuquan.

H + ? Séparation de la tour de sauvetage (retombe à Alxa Youqi en Mongolie Intérieure).

H+2'8" Séparation des accélérateurs latéraux (retombent à Alxa Zuoqi en Mongolie Intérieure).

H+2'50" Séparation du premier étage (retombe à Otog Qi en Mongolie Intérieure).

H+? Séparation de la coiffe (retombe au-dessus du district de Yulin dans la Province du Shaanxi).

H+? Séparation du second étage (se consume dans l'atmosphère).

H+9'43" Le vaisseau se sépare du dernier étage de la CZ-2F.

H+10' Mise en orbite du vaisseau Shenzhou.

H+? Circularisation de l'orbite.

Le lanceur CZ-2F

CGWIC

▪ Une base de lancement dans le désert de Gobi

Le centre de lancement effectue toutes les opérations préparatoires au vol spatial : intégration de la charge utile (le vaisseau spatial), préparation du lancement (assemblage du lanceur, pas de tir, etc.).

Le vaisseau habité chinois est lancé depuis la base de Jiuquan (prononcer Jiu'chan). Cette base créée à la fin des années 1950, a réalisé plus de mille tirs de missiles, de fusées-sondes et de lanceurs avec près de 90% de succès [148]. Jiuquan a lancé les premières fusées CZ-1 et FB-1. Ensuite, elle a été utilisée pour la mise en orbite des capsules récupérables FSW avec les CZ-2.

La base est située dans une zone qui comprend la plus grande concentration d'établissements militaires secrets liés au programme spatial et nucléaire chinois, une zone du Désert de Gobi qui est aussi dénommée "Vent d'Est" (*Dong Feng* en chinois) pour rappeler aux visiteurs la rudesse des éléments dans cette région très inhospitalière [149]. À quelques dizaines de km de Jiuquan, la base de Qingshui abrite les usines qui fabriquent les têtes nucléaires. L'importance de Jiuquan et Qingshui n'a pas d'équivalent en Chine. La superficie de ce polygone militaire très spécial, qui ne figure sur aucune carte officielle, dépasse l'imagination : 36 000 km², un territoire vaste comme l'île de Taiwan... [150]

Révélée par la presse chinoise et les observations des satellites occidentaux, la construction du site de lancement du vaisseau habité a commencé au début des années 1990. L'existence de ces travaux a été confirmée le 4 juin 1996 par Li Fengzhou, directeur de la base de Jiuquan, et Wang Yongzhi, le responsable du Projet-921 "Shenzhou" [151]. À l'époque, ces deux personnalités affirmaient que le nouveau pas de tir serait prêt en 1998. C'est effectivement au printemps de 1998 que la Seconde artillerie de l'Armée populaire de libération a commencé les exercices simulant le lancement du vaisseau habité. Les photographies de cet "exercice" ont été diffusées sur Internet en juin 1999, à la veille du salon du Bourget.

---

148 – **Pierre LANGEREUX**, "Quatre champs de tirs opérationnels en Chine", in *Air et Cosmos* n°1303, Paris, 27/10/90, p. 37.

149 – Des ouvriers, qui ont participé à l'édification de la base, rapportent la violence des vents capables de renverser des wagons-citernes de plusieurs tonnes... - **Jin BO**, " Au coeur du Désert de Gobi ", in *Chengming*, Hong Kong, 1995, p [?] (article traduit par Courrier International n°238 du 24/05/95).

150 – Ibid

151 – **Peter de SELDING**, "Chinese Officials On Hand to Watch Mobile Launch Vehicle See Failure", in *Space News* vol 7/n°23, Springfield, 10/06/96, p. 6.

Base de lancement

Le lanceur CZ-2F est photographié pendant le premier exercice simulant la préparation d'un tir au printemps 1998. En arrière-plan, on distingue le bâtiment d'assemblage du lanceur et de sa charge utile qui ressemble beaucoup au VAB américain du Centre spatial Kennedy à Cap Canaveral.

Go Ta'konaute

Aujourd'hui, après trois tirs de la fusée CZ-2F, la base de lancement de Shenzhou est mieux connue. Le champ de tir des cosmonautes chinois est situé à 1.073 m d'altitude, ses coordonnées géographiques sont les suivantes : 100°17 E et 40°57 N. Les éléments du vaisseau spatial y sont acheminés par deux avions [152]. Ensuite, ils sont assemblés dans une salle d'intégration qui peut recevoir plusieurs vaisseaux simultanément. Le vaisseau spatial rejoint le lanceur CZ-2F dans l'un des deux halls (dimensions = 26,8x28x81,6 m) du bâtiment d'assemblage. Avec ses deux portiques géants, cette construction rappelle étrangement le VAB (Vertical Assembly Building) des Navettes Spatiales de Cap Canaveral en Floride. Les dimensions de cette nouvelle "forteresse" chinoise de 13 000 tonnes, réalisée par la 8e division du CSEC (Projet 920-520), seraient compatibles avec la mise en œuvre simultanée de trois ou quatre lanceurs CZ-2F. De toute manière, les deux portiques permettent d'envisager des "tirs groupés" pour effectuer des rendez-vous spatiaux. Toutes les salles d'intégration et d'assemblage, qui constituent la zone technique, sont dotées d'air conditionné et soumises à des critères de propreté draconiens (classe 100 000). Elles sont comparables aux installations occidentales les plus modernes.

Lorsque le lanceur est assemblé, il est transporté par une table mobile de 75 t (24,4 x 21,7 x 8,4 m) qui rejoint à 28 m/min le pas de tir et sa tour de service (75 m de haut). La zone de lancement est protégée par deux paratonnerres.

Campagne de lancement de Shenzhou

H-60 j	Réception du vaisseau spatial, début de la campagne de tir.
H-15 j	Mise à poste des navires de la flotte Yuan Wang.
H-24 h	Remplissage des réservoirs du lanceur.
H-8 h	Démarrage du compte à rebours.
H-40 min	Éloignement de la tour de service (rotation de 180°).
H-30 min	Le personnel évacue la zone de lancement (fusées éclairantes et annonces sonores).
H-5 min	Début de la séquence automatique de tir.
H-1 min	Les ombilicaux et les portiques sont rétractés.
H 0	Décollage du lanceur CZ-2F porteur du vaisseau Shenzhou.

152 - Il est probable qu'un aéronef transporte la cabine et le module orbital réalisés par la CAST de Pékin tandis que le module de service de la SAST est acheminé dans un second appareil en provenance de Shanghai.

Des documents de la CALT, publiés au début de l'année 2000, indiquent que la nouvelle infrastructure de lancement sera utilisée par d'autres lanceurs opérationnels (CZ-2E) ou en développement (CZ-2E/ETS, CZ-2EA et CZ-5).

▪ Le réseau de poursuite

La Chine ne dispose pas encore, comme les Américains avec leurs TDRSS (Tracking & Data Relay Satellite System) ou les Russes avec leurs Altaïr/Loutch, de satellites pour communiquer avec son vaisseau spatial. En revanche, elle dispose d'un réseau de poursuite important constitué de stations fixes et mobiles. Dénommé CLTC, celui-ci permet de contrôler le lancement, la trajectoire orbitale et le retour de Shenzhou.

Pour le vol habité, les stations situées en Chine ne sont pas suffisantes. À l'instar des Russes avec leurs Soyouz, les Chinois déploient quatre navires de poursuite dans les Océans Pacifique, Indien et Atlantique. Ces navires constituent la flotte Yuan Wang (Longue vue) [153] ; modernisés et remis en service en 1999 par les chantiers maritimes de Shanghai (China State Shipbuilding Corporation), ils ont été utilisés avec succès pour les trois premiers vols de Shenzhou. Pour compléter ces stations maritimes mobiles, les Chinois ont créé des stations fixes à l'étranger.

La première installation de ce type a été ouverte en octobre 1997 au sud de l'île de Tarawa dans l'archipel des Kiribati (Océan Pacifique). Dénommée AOCS (acronyme anglais pour Aerospace Operation Control Station), cette installation peut suivre les lancements de satellites et contrôler leurs orbites. En outre, l'AOCS peut communiquer avec les engins spatiaux et recevoir les données des satellites d'observation. Cette station des Kiribati pourrait être utilisée pour suivre Shenzhou.

En 2000, la Chine a signé un accord avec la Namibie pour construire une autre station de poursuite à proximité de la ville de Swakopmund [154]. Dénommée TTST (acronyme anglais pour Tracking Telemetry and Space Research Station), cette infrastructure comprend un bâtiment administra-

153 – "Chinese Space Facility Can Eavesdrope", in *Military Space* vol 14/n°22, Arlington, pp. 2 et 3.
154 – **Morris JONES**, "Cobwebs on The Launchpad", in *Space Daily.com*, 18/12/00, (wysiwyg://6/http://www.spacedaily.com/news).

Le réseau de poursuite et de commande du vaisseau Shenzhou

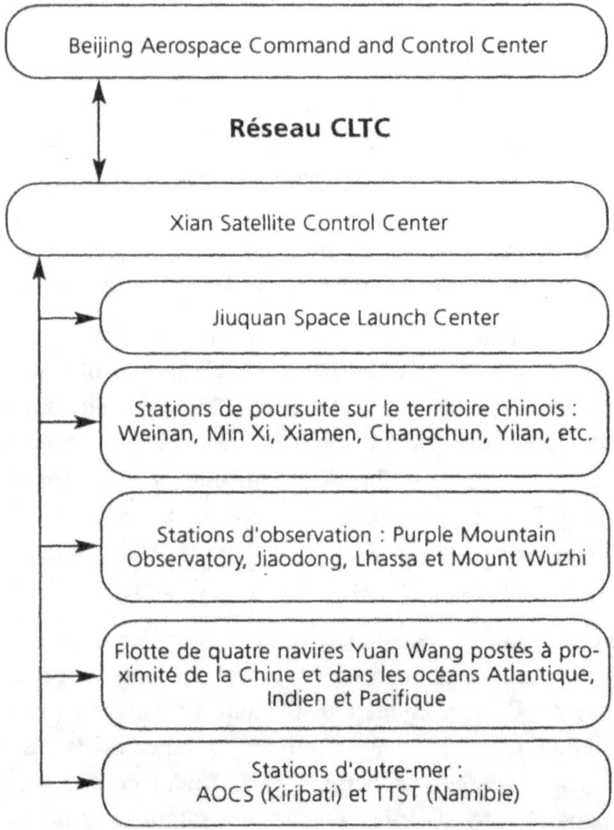

CSSAR

Salle de contrôle utilisée pendant les vols habités de Shenzhou pour la mise en œuvre du programme scientifique (Payload Operation and Application Center du CSSAR).

Réseau de poursuite

Les navires de la flotte ***Yuan Wang***
qui assurent la poursuite du vaisseau spatial Shenzhou.

CGWC.

© Taikonaut / Xinhua.

Salle principale pour le contrôle des vols spatiaux habités chinois à Pékin (BACCC).

tif avec deux antennes de poursuite (5 et 9 m de diamètre). Son coût est estimé à 12 M N$. C'est l'analyste américain James Oberg qui a révélé cet accord sur cette "nouvelle station d'outre-mer" dédiée au Projet-921 "Shenzhou". En fait, son emplacement, au sud-ouest de l'Afrique, correspond à la zone au-dessus de laquelle le vaisseau commence son retour sur Terre. Cette station de Namibie remplacera prochainement le navire Yuan Wang qui se poste dans l'Atlantique-Sud pour retransmettre à Shenzhou tous les ordres de retour et assurer les liaisons vidéo [155]. Vingt ingénieurs et techniciens (Chinois et Namibiens) exploiteront la station à chaque vol spatial [156].

La poursuite et le contrôle du vaisseau spatial sont assurés par les centres de Xian et Pékin. Le Centre de commande et de contrôle aérospatial (acronyme anglais BACCC pour Beijing Aerospace Command and Control Center) de la capitale chinoise est opérationnel depuis 1997 (les travaux auraient été achevés en mars 1996). Il comprend une salle de contrôle et trois "départements" [157] :

- pilotage du vaisseau spatial (contrôle de la trajectoire du lanceur, détermination de l'orbite, etc.) :
- informatique du BACCC (réception, exploitation et transmissions des données) ;
- télécommunications avec le vaisseau spatial via le CLTC.

La salle de contrôle du BACCC ressemble à celle du TsOUP près de Moscou qui assure la même fonction pour les vols habités russes. L'ensemble cependant a bénéficié des derniers progrès de l'informatique. Une centaine de personnes surveillent les informations qui défilent sur les moniteurs ou les quatre écrans géants de la salle de contrôle. En principe, l'écran de gauche montre l'intérieur du vaisseau (caméra orientée vers la planche de bord), ceux du milieu affichent les paramètres de vol et celui de droite le lanceur au décollage et sa trajectoire. À l'instar des infrastructures de la base de lancement de Jiuquan, le BACCC démontre la nature ambitieuse du Projet-921.

155 – **Chen Lan**, "China To Build a Shenzhou Tracking Station in Namibia", in *Go Taikonauts !*, 13/12/00, (wysiwyg://10/http://www.geocities.com/CapCanaveral/Launchpad/1921/news).

156 – **Maggi BARNARD**, op. cit.

157 – "Backgrounder on Shenzhou-2 Control Center", in *Beijing Xinhua*, 10/01/01 (FBIS-CHI-2001-0110).

▪ La préparation des équipages au vol spatial

La Chine disposerait de 14 aspirants cosmonautes. La formation de ces futurs explorateurs de l'espace est assurée à l'ISME. Cet établissement est situé à l'Ouest de Pékin, aux pieds des montagnes qui ceinturent la capitale chinoise. L'ISME offre l'apparence d'un banal campus universitaire : constructions modernes, jardins d'agrément, sérénité, etc. Mais ce centre est unique en Asie. Ici, la Chine rêve éveillée en préparant ses projets spatiaux les plus audacieux pour que ses "Fils du ciel" rejoignent enfin leur demeure. Sur la route Yuanmingyuan, il y a un peu de Houston (centre d'entraînement des astronautes américains) et beaucoup de la Cité des Étoiles.

Depuis 1968 et le projet Shuguang, l'ISME a joué un rôle clé dans le développement des vols spatiaux habités. L'Institut comprend une usine expérimentale et neuf départements :

- médico-ingénierie environnementale (réaction du cosmonaute dans l'atmosphère confinée du vaisseau spatial) ;
- médecine de support-vie ;
- système de support-vie et de contrôle de l'environnement (étude des équipements de support-vie du vaisseau spatial) ;
- ergonomie (étude de l'interface homme-machine du vaisseau spatial) ;
- médico-ingénierie gravitationnelle de survie (études des réactions de l'organisme aux fortes accélérations du vol spatial et des moyens de survie) ;
- ingénierie électronique biomédicale (étude des capteurs biomédicaux pour les cosmonautes) ;
- soutien médical des cosmonautes et études somatiques ;
- ingénierie des simulateurs (simulateur du vaisseau spatial et chambres d'environnement spatial) ;
- information et documentation (gestion et traitement des informations relatives aux vols spatiaux habités).

En fait, l'ISME abrite plusieurs installations capables de reproduire toutes les phases du vol spatial et d'évaluer le stress et la désorientation du cosmonaute pendant sa mission.

- **Les chambres d'environnement cosmique** – Une chambre d'altitude (3 x 8 m), développée au début des années 1970 (premier

ISME

ISME.

La centrifugeuse de l'ISME est la plus importante d'Asie ; elle permet aux aspirants cosmonautes de se familliariser aux fortes accélérations du vol spatial.

Un aspirant cosmonaute chinois s'apprête a effectuer un test dans une chambre d'environnement spatial.

ISME.

ISME

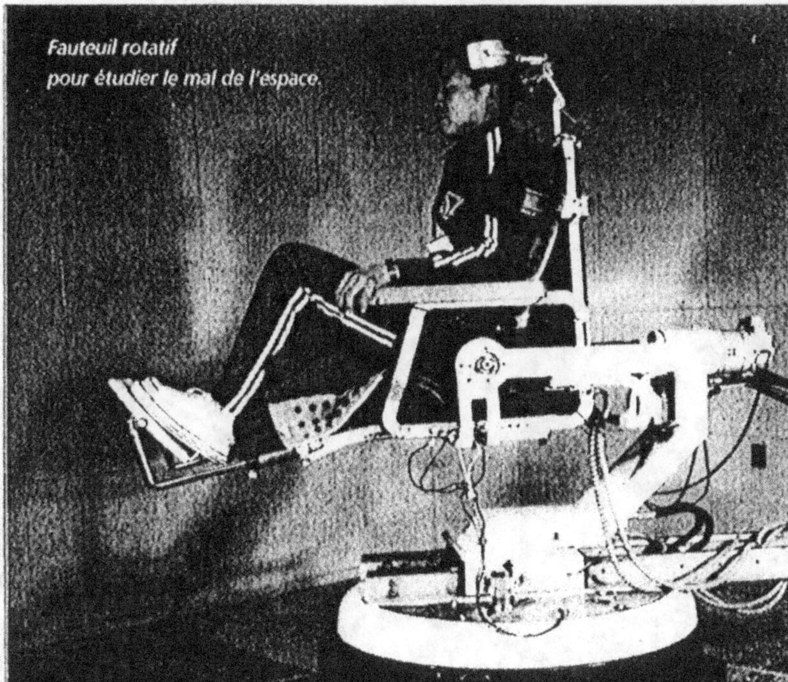

Fauteuil rotatif pour étudier le mal de l'espace.

ISME

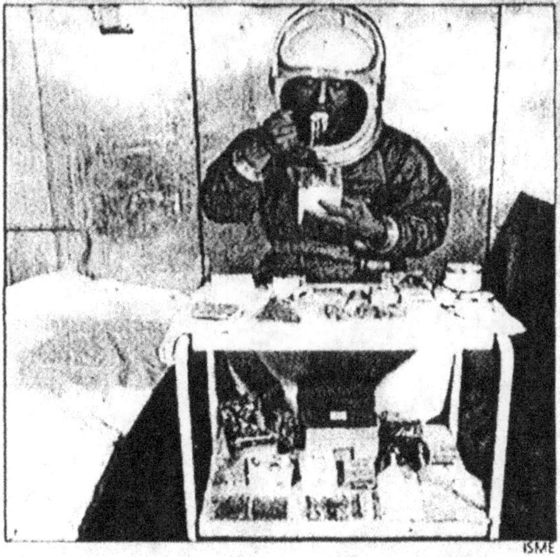

ISME

L'ISME développe depuis plusieurs décennies de la "nourriture synthétique" pour le vol spatial.

Retour à l'époque héroïque de la conquête spatiale avec la tour d'impact, véritable "instrument de torture" pour simuler le choc à l'atterrissage des équipements ou des êtres humains.

projet de vaisseau habité) et modernisée en 1997/1998, comprend un sas, une zone habitable, une aire de travail et des sanitaires. Un circuit de télévision et des senseurs biomédicaux surveillent l'activité des aspirants cosmonautes. Des lampes puissantes, fixées sur les hublots de cette chambre, simulent la luminosité du Soleil. Cette installation peut reproduire les conditions de vie à bord du vaisseau spatial ou d'une petite station orbitale. Plusieurs expériences ont été réalisées pour faire vivre des aspirants cosmonautes à des pressions variables dans des atmosphères différentes [158]. Le module de vide spatial, une chambre d'altitude plus petite, est utilisé pour tester le comportement des équipements de survie et du scaphandre dans les conditions du vide spatial ou lors d'une décompression explosive à 16 km d'altitude. Enfin, une chambre climatique permet d'étudier les réponses physiologiques humaines aux variations de température et d'humidité dans un environnement hypobare.

• **Chambre d'isolation** – Cette installation est utilisée pour évaluer le profil psychologique des aspirants cosmonautes isolés du monde extérieur pendant des périodes variant de 10 jours à plusieurs mois [159].

• **Chambre "antigravitationnelle"** – Pour entraîner les candidats cosmonautes à l'apesanteur, Américains et Russes effectuent des vols paraboliques qui offrent quelques dizaines de secondes de "zéro-g". Les Chinois ont créé une installation originale pour simuler beaucoup plus longtemps l'apesanteur. Cette chambre "antigravitationnelle" est une enceinte de 15 m de diamètre et de 20 m de haut à l'intérieur de laquelle un puissant ventilateur (120 à 150 km/h) permet aux candidats cosmonautes, revêtus d'une combinaison spéciale, de léviter entre 3 et 5 m au-dessus du sol.

• **La centrifugeuse** – Depuis le début des vols spatiaux habités, la centrifugeuse est utilisée pour reproduire les fortes accélérations subies par les cosmonautes au lancement (accélération) et pendant

158 – Dans les années 1970, quatre hommes et une femme avaient vécu pendant un mois dans ce "caisson" avec une pression de 0,5 atmosphère dans un mélange azote/oxygène modifié à plusieurs reprises. On imagine aisément que des expériences plus complexes ont dû être conduites depuis cette période.

159 – "New Beijing Space Center Trains Astronauts", in *Hong Kong Ming Pao*, Hong Kong, 22/11/99 (FBIS-CHI-1999-1207).

la rentrée atmosphérique (décélération). La centrifugeuse de l'ISME serait la plus importante d'Asie [160]. Elle est constituée d'une cabine (ou nacelle) de 2 m de diamètre qui est reliée au pivot central par un bras de 10 m. La cabine est fixée sur un dispositif trois axes. L'ensemble peut imprimer une accélération de 15 g à l'aspirant cosmonaute. Cette valeur n'est jamais atteinte lors d'un vol réel (max 4/5 g) mais correspond à la limite de tolérance humaine. Les séances en centrifugeuse sont suivies par des spécialistes chargés de contrôler tous les évènements qui se déroulent à bord de la nacelle.

• **La tour d'impact** – Autre "instrument de torture", la tour d'impact permet d'évaluer, dans un vacarme assourdissant et après une chute de 8 m, le choc à l'atterrissage des équipements ou des êtres humains. Pour réaliser ce test, ces derniers sont attachés sur un fauteuil recouvert d'une épaisse couche de mousse plastique... Ensuite, l'ensemble s'élève jusqu'au sommet de la tour avant de retomber brutalement. Alors, l'impact du fauteuil sur le sol provoque une déflagration !

• **La balançoire électromagnétique** – L'étude des accélérations linéaires subies par l'oreille interne - siège de l'équilibre - a nécessité la création d'une balançoire électromagnétique. La nacelle renferme un siège rotatif qui peut provoquer une désorientation semblable au mal de l'espace. Un autre fauteuil rotatif, fixé au sol, informe les médecins sur le fonctionnement du système vestibulaire humain et le mal de l'espace. Ces deux dernières installations sont identiques à celles du centre d'entraînement des cosmonautes russes.

• **Le planétarium** – Les Occidentaux qui ont visité l'ISME mentionnent l'existence d'un planétarium. Celui-ci est utilisé pour former les futurs explorateurs de l'espace à la navigation cosmique.

• **Les simulateurs** – Pour réduire au minimum la part d'improvisation, l'équipage du vaisseau spatial doit répéter des centaines de fois toutes les phases de sa mission dans des simulateurs. Il doit

160 – "China Reportedly to Launch Spacecraft With Astronauts in 1999", in *Zhongguo Tongxun She news agency*, Hong Kong, 9/08/97.

exister deux types de simulateurs à l'ISME : le simulateur de "procédures" (cockpit virtuel) et le simulateur du vaisseau spatial. Le simulateur de "procédures" familiarise les cosmonautes avec le poste de pilotage (repérage des instruments, mémorisation des séquences normales et d'urgences, etc.). L'autre simulateur, le "vrai", est identique au vaisseau spatial Shenzhou, à la différence près qu'il ne vole pas. C'est une maquette très réaliste dans laquelle le futur équipage apprend à piloter le vaisseau dans toutes les situations du vol spatial (décollage, manœuvres orbitales, retour, simulation d'avarie, etc.).

Sélection et entraînement des cosmonautes chinois [161]

Les cosmonautes chinois ont été sélectionnés parmi un millier de pilotes de chasse en activité (1 000 h de vol minimum) selon des critères très précis :

- être en excellente condition physique et psychologique ;
- être âgé de 20 à 45 ans ;
- mesurer au maximum 1,75 m et peser 80 kg ;
- posséder un diplôme supérieur en biologie, physique ou mathématique ;
- maîtriser au moins une langue étrangère.

Après avoir passé avec succès toutes les épreuves de la sélection, les aspirants cosmonautes sont soumis à un entraînement qui comprend trois étapes :

- **Phase-1** : préparation physiologique, entraînement physique et enseignement théorique de l'astronautique ;
- **Phase-2** : connaissance du vaisseau spatial (simulateurs) et entraînement au travail dans l'espace ;
- **Phase-3** : préparation et simulation de la mission spatiale.

Officiellement, le premier groupe d'aspirants cosmonautes chinois pour le Projet 921 "Shenzhou" a été constitué en mars 1995. Ce groupe serait entraîné par Wu Tse et Li Tsinlung qui avaient reçu une formation "d'instructeur" à la Cité des Etoiles en 1997. Au début 2001, quatre cosmonautes (deux titulaires et deux doublures) étaient déjà sélectionnés pour le premier vol spatial habité chinois. Selon Luan Enjie, le directeur de l'Agence spatiale chinoise : « *Le premier groupe de cosmonautes s'entraîne activement à l'environnement spatial. Cette première génération d'explorateurs sera mieux préparée que les Américains ou les Russes !...* »

161 – **Peng Kailei**, "China Trains Four Jet Pilots to Become Astronauts of Manned Spaceflight", in *Hong Kong Wen Wei Po*, Hong Kong, 17/01/01 (FBIS - CHI - 2001-0117).

8

Les missions de Shenzhou

Vaisseau de transport et de liaison pour les cosmonautes - Shenzhou, un banc d'essai volant pour l'astronautique chinoise - L'utilisation scientifique du vaisseau céleste

La fonction principale de Shenzhou concerne évidemment le transport des cosmonautes en orbite. Mais avec le Projet 921, la Chine a surpassé toutes ses réalisations spatiales précédentes. Les vols pilotés exigent un matériel très sophistiqué et surqualifié pour des raisons évidentes de sécurité. De ce fait, Shenzhou constitue un véritable banc d'essai volant pour l'astronautique chinoise. Bien entendu, les Chinois se servent de leur vaisseau habitable pour poursuivre, sinon amplifier, les travaux scientifiques et l'observation de la Terre conduits avec les engins précédents. Enfin, Shenzhou autorise la réalisation de projets plus ambitieux pour explorer et coloniser l'espace

▪ Vaisseau de transport et de liaison pour les cosmonautes

Par rapport à tous les autres engins spatiaux mis en œuvre par la RPC, Shenzhou peut être qualifié à juste titre de vaisseau de transport. Sa mission principale concerne effectivement la mise en orbite d'un équipage de deux à trois cosmonautes et son retour sur Terre. Le vaisseau complet accomplit au maximum 20 jours de croisière spatiale tandis que le module orbital a été qualifié pour voler au moins six mois.

Pendant les phases actives du vol spatial, les occupants de Shenzhou portent un scaphandre intra-véhiculaire qui les protège en cas de dépressurisation brutale de leur cabine. En orbite, les cosmonautes peuvent évoluer en manche de chemise dans la capsule et le compartiment orbital. Ce dernier laisse apparaître une écoutille qui autorise des sorties extra-véhiculaires. Cette opération, qui nécessite un scaphandre plus performant, est prévue par les Chinois pour : inspecter les parties extérieures du vaisseau spatial, installer ou retirer des expériences, effectuer des opérations d'assemblage en vue d'exploiter une station spatiale.

Aujourd'hui, le vaisseau habitable chinois est dédié à l'orbite basse. Malgré sa ressemblance au Soyouz russe, qui avait été conçu à l'origine pour des vols circumlunaires, il n'est pas prévu de réaliser des missions en orbite haute. En se référant aux trois premiers vols, on peut estimer que l'altitude opérationnelle du vaisseau chinois est comprise entre 300 et 400 km. En fait, tous les engins habités russes et américains survolent la Terre à cette distance.

En toute logique, Shenzhou n'effectuera pas indéfiniment des vols en solo. Les responsables du Projet 921 prévoient de réaliser des opérations de rendez-vous entre deux vaisseaux pour préparer l'exploitation des stations spatiales. À cette fin, Shenzhou sera prochainement doté d'un sas d'amarrage. La rencontre entre deux vaisseaux paraît effectivement possible si on examine le bâtiment d'assemblage de la base de Jiuquan. Ce dernier autorise au moins l'assemblage quasi simultané de deux lanceurs CZ-2F, c'est-à-dire la réalisation de vols habités à quelques jours, sinon quelques heures d'intervalle. Ainsi, au cours des prochaines années, la RPC répétera les vols groupés avec échanges de cosmonautes que l'Union Soviétique réalisa préalablement à la mise en service des stations orbitales Saliout.

Enfin, il n'est pas exclu que le vaisseau habitable chinois rejoigne un jour une station spatiale étrangère. On pense bien sûr à la station spatiale internationale. La Chine serait la troisième puissance spatiale à s'y rendre par ses propres moyens après les États-Unis et la Russie...

■ Shenzhou, un banc d'essai volant pour l'astronautique chinoise

Pour assurer le maximum de sécurité aux cosmonautes et éviter un désastre aux répercussions fâcheuses pour la suite du programme, les Chinois ont dû effectuer un changement culturel de grande ampleur pour produire un matériel surqualifié. Les premières rondes de Shenzhou autour de la Terre peuvent être assimilées à des essais en vol pour toute l'astronautique chinoise.

Les missions du vaisseau chinois

© Cherfi Mourad

Rendez-vous spatial avec le module orbital. En lançant deux vaisseaux par an, la Chine pourrait disposer d'ici peu d'une plate-forme scientifique et technologique permanente avec le bénéfice qu'elle aura été préalablement vérifiée et mise en service par des cosmonautes.

Les missions du vaisseau chinois

Amarrage de deux vaisseaux Shenzhou : un prélude à la station spatiale chinoise.

Il s'agit, en premier lieu, du lanceur CZ-2F, qui a montré toutes ses qualités. Après les dramatiques accidents de CZ-2E, les processus qualité, inspirés des méthodes occidentales, semblent avoir porté leurs fruits. Si le succès est toujours au rendez-vous des prochains tirs, il devrait rassurer les clients potentiels qui s'étaient éloignés des fusées chinoises. De toute manière, le prestige des vols habités devrait avoir des retombées positives pour le transport spatial chinois.

Le vaisseau Shenzhou, quant à lui, comporte le plus grand nombre de technologies jamais rassemblées sur un engin spatial chinois. Un changement de paradigme a été réalisé par les ingénieurs de l'Empire du Milieu en ce qui concerne la propulsion, les matériaux, la spationique et surtout le support-vie. L'essai en vol de ces systèmes constitue encore une partie importante des missions de Shenzhou.

▪ L'utilisation scientifique du vaisseau céleste

La mise au point du vol habité est déjà complétée par la réalisation d'un programme scientifique complexe. Celui-ci comprend surtout l'observation de la Terre, l'astrophysique, la science des matériaux et les sciences de la vie. L'exploitation scientifique du vaisseau chinois est assurée par le CSSAR de l'Académie des Sciences qui sélectionne aussi les expériences embarquées.

- **Observation de la Terre** – Les occupants de Shenzhou pourront à loisir observer la Terre à l'instar de leurs prédécesseurs russes et américains. Plusieurs hublots sur la capsule et le module orbital autorisent cette activité avec des appareils de prises de vues classiques. Mais le vaisseau chinois ne semble pas dédié à l'observation de la Terre. En dehors de toute activité militaire prévisible (le vaisseau a été construit sous le contrôle de la COSTIND), il est plus vraisemblable que cette tâche soit confiée à des engins spatiaux spécialisés tels que les satellites CBERS/Ziyuan ou une version évoluée du FSW.

- **Astronomie et astrophysique** [162] – Assurément, les Chinois ont conçu Shenzhou comme un observatoire spatial habité expérimental. Shenzhou-2 et 3 ont largement démontré cette fonction ; un

162 – **Wei Long**, "Shenzhou-2 Goes in Search of Galactic Explosions", in *Spacedaily.Com*, 16/01/01 (wysiwy://5/http://www.spacedaily.com/news/china-01j.html)

matériel important avait été embarqué dans la capsule et le module orbital de ces vaisseaux pour étudier les sources X du ciel. Les responsables de l'Observatoire de la Montagne Pourpre et de l'Institut de recherche sur la physique des hautes énergies ont rappelé l'intérêt de surveiller les événements violents du cosmos pour éviter que les cosmonautes ne soient trop affectés par les rayons cosmiques. Les mêmes précautions seront prises avec le Soleil et ses éruptions très nocives. Pour ce faire, Shenzhou poursuivra les nombreuses observations conduites depuis un quart de siècle avec la série des satellites scientifiques SJ.

- **Sciences des matériaux** – Tant pour la recherche que pour la fabrication, les Chinois montrent beaucoup d'intérêt pour ce domaine. À Pékin, le mythe des "matériaux magiques" produits en apesanteur est tenace. Malgré les nombreuses déconvenues dans ce secteur après l'espoir suscité par les premières expériences, les responsables du Projet-921 ont conçu des équipements spéciaux pour poursuivre les recherches réalisées à bord des capsules récupérables FSW.

- **Sciences de la vie** – Les responsables du Projet-921 ont toujours affirmé que Shenzhou permettrait à la Chine d'étudier le corps humain soumis à l'apesanteur et à l'environnement spatial. Et cela, affirment-ils, pour préparer le mieux possible le cosmonaute au vol spatial. Les sciences de la vie et la médecine spatiale, étudiées depuis le milieu des années 1960, trouveront leur aboutissement à bord du vaisseau chinois. Par ailleurs, pour lutter contre le mal de l'espace, les médecins du Céleste Empire pourraient apporter des solutions nouvelles avec la médecine traditionnelle chinoise.

Shenzhou est la première pierre d'un édifice qui comprend d'autres objectifs plus ambitieux. A bord de son module orbital, les cosmonautes répéteront les activités qui seront réalisées en permanence dans la station. Shenzhou ouvre aussi la voie céleste aux futurs engins ailés et réutilisables qui apparaîtront d'ici à trente ans. Enfin, en acquérant un savoir faire dans les vols habités, la RPC pourra revendiquer sa participation aux grands défis spatiaux du XXIe siècle dans le Système solaire.

9

Les nouvelles citadelles du Céleste Empire

Les stations chinoises dans la brève histoire de l'astronautique - Première étape vers la station : Shenzhou - Les projets chinois pour occuper la banlieue de la Terre - Quelle mission pour la station chinoise ?

Se rendre dans l'espace avec le vaisseau habitable Shenzhou est une chose, mais y rester pour plusieurs semaines ou plusieurs mois en est une autre. Cela exige d'autres moyens. Pour reprendre une expression chère à Albert Ducrocq : *« le vaisseau cosmique est à la station ce que la trousse à outils est à l'usine »* [163]. À l'instar des autres puissances, la Chine considère la station comme l'antichambre des opérations spatiales futures. Petit retour en arrière...

Les stations chinoises dans la brève histoire de l'astronautique

L'invention de la station spatiale est ancienne ; elle apparaît au XIXe siècle dans les romans d'anticipation. Avec l'avènement de l'astronautique, les projets se multiplient pour mettre en orbite des "lunes artificielles" qui scrutent la Terre, observent l'Univers et, le cas échéant, servent de relais pour des missions à destination de la Lune ou des planètes.

Aux visions optimistes des stations géantes en forme de "chambre à air habitée" (projet de Von Braun dans les années 50 et "Station relais n°5" de *2001, Odyssée de l'espace* en 1968) ont succédé des avant-postes orbitaux modestes créés par les Russes et les Américains. Monobloc (Saliout russes de première génération et Skylab américain) ou modulaires (Saliout de seconde génération et Mir), huit complexes orbitaux ont été mis en orbite pendant la guerre froide.

163 – **Albert DUCROCQ**, "L'année spatiale totale", in *Air et Cosmos* n°276, Paris, 10/01/69, pp. 3 et 4.

Les stations orbitales ont été utilisées à des fins civiles et militaires pour conduire des expériences scientifiques et technologiques. Leurs occupations, par des équipages internationaux, sont devenues permanentes. Avec la station spatiale internationale (ISS), en cours d'assemblage, une nouvelle étape a été franchie dans la conquête et la colonisation de l'espace.

En toute logique, Shenzhou pourrait s'amarrer à ce complexe orbital pluridisciplinaire développé sous la tutelle des Américains [164]. Les Chinois ont déjà exprimé leurs souhaits pour participer à ce grand programme spatial en affirmant que l'ISS ne peut être "internationale" sans eux.

Des accords ont été conclus afin de fixer sur la station des charges utiles scientifiques chinoises comme, par exemple, un détecteur d'antimatière [165]. Une coopération plus étroite, comprenant l'amarrage d'un module "made in China", pourrait être envisagée et a été évoquée récemment par les Russes et les Européens. Mais la crainte de transfert de technologies sensibles vers la Chine, mise en exergue par "l'affaire Hughes", conduit encore les États-Unis à la prudence.

En fait, le développement d'une station spatiale chinoise indépendante est probable car il a déjà fait l'objet de déclarations officielles y compris de la part du président Jiang Zemin.

La station spatiale a constitué très tôt la destination des vaisseaux spatiaux étudiés dans les années 1960 et 1970. Jen Shi-min évoque officiellement le sujet en 1978 en qualifiant cette infrastructure de "Skylab chinois". À l'époque, il s'agit d'un poids lourd de 20 t qui dépasse les capacités de transport spatial de l'Empire du Milieu. Le lanceur qui doit mettre en orbite cette station n'existe pas malgré les tentatives des responsables de l'astronautique pour engager des pourparlers avec l'URSS sur ce sujet.

Les tensions entre les deux pays forcent les Chinois à imaginer des solutions autochtones qui utilisent les fusées existantes. En 1984, les concepteurs de station proposent un modèle de 7 t qui peut être mis en orbite par le nouveau lanceur CZ-3. Les responsables politiques rejettent cette proposition qu'ils jugent irréaliste. En fait, il faut attendre le démarrage du

164 – La station spatiale internationale est développée par les Etats-Unis (NASA), la Russie (RAKA), l'Europe (ESA), le Japon (NASDA), le Canada (CSA) et le Brésil (AEB). Son assemblage a débuté en novembre 1998 et doit s'achever en 2006.

165 – "China Takes Part In Development of AMS for Use on ISS", in *Aerospace China* n°236, Pékin, décembre 1997, pp. 10 à 12.

Projet 921 pour assister à la renaissance de la station chinoise.

Le plan de développement scientifique et technologique, adopté par les Chinois en 1992, prévoit la création d'une station orbitale, en quatre phases, pour la période 2000/2020 [166] :

- lancer des cosmonautes dans l'espace et les récupérer en toute sécurité, explorer les conditions de vie et de travail dans l'espace ;
- développer les technologies nécessaires au vol spatial habité et mettre au point les rendez-vous spatiaux, l'amarrage avec un autre vaisseau ainsi que les sorties extra-véhiculaires et les systèmes d'environnement associés (scaphandres) ;
- lancer une station orbitale expérimentale, établir un système de transport spatial approprié et évaluer l'exploitation scientifique et industrielle de cette infrastructure ;
- développer une grande station orbitale et son lanceur à des fins industrielles.

▪ Première étape vers la station : Shenzhou

Avant la création d'une véritable station spatiale, il est probable que la Chine utilise son vaisseau pour expérimenter les opérations en orbite basse. L'architecture de Shenzhou autorise quelques modifications pour en faire un prototype de station. Par exemple, le compartiment orbital, situé à l'avant du vaisseau habité chinois, offre un volume habitable appréciable. Ce cylindre, qui ressemble beaucoup à un petit module de station est doté d'un système propulsif et de panneaux solaires qui lui assurent une complète autonomie. Shenzhou-2 et 3 ont démontré les capacités manœuvrantes du module orbital qui peut se placer lui même à l'altitude des stations pour y demeurer au moins six mois. En lançant deux vaisseaux par an, la Chine pourrait disposer d'ici peu d'une plate-forme scientifique et technologique permanente avec le bénéfice qu'elle aura été préalablement vérifiée et mise en service par des cosmonautes.

166 – "Four Steps For Carrying Out Manned Spaceflight Plan", in *Beijing Zhongguo Xinwen She*, Pékin, 20/11/99, p. [?].

On peut aussi imaginer que Shenzhou rejoigne le module orbital laissé par un autre vaisseau pour expérimenter les rendez-vous. Ainsi, en s'appuyant sur les seules performances de son lanceur CZ-2F, la Chine pourrait disposer, à très court terme et à peu de frais, d'une petite station visitable.

En fait, rien n'interdit aux Chinois de modifier à volonté leur vaisseau habité. Par exemple, la capsule de descente et le compartiment orbital de Shenzhou pourraient être remplacés par un seul habitacle pressurisé. Les cosmonautes rejoindraient cette mini-station avec un vaisseau classique qui constituerait la zone de vie (repos, alimentation, hygiène, etc.). Ce complexe orbital est tout à fait plausible car il avait été envisagé dans les années 1960 par les Soviétiques dans le cadre du projet militaire Soyouz-R. C'est aussi une station de ce type qui est actuellement proposée par la société Mir Corp. (projet Mini-Station-1).

Enfin, en ajoutant des pièces d'amarrage latérales, sur le compartiment orbital du vaisseau de transport, on pourrait constituer le module de liaison d'une petite infrastructure spatiale sans augmenter les performances du lanceur. Mais cette solution s'oppose aux déclarations des responsables de l'astronautique chinoise qui suggèrent la création d'un matériel dédié pour la station modulaire.

▪ Les projets chinois pour occuper la banlieue de la Terre

Depuis 1990, la Chine a présenté de nombreuses études relatives aux stations spatiales dans les congrès d'astronautique. Certains projets sont conçus pour être mis en orbite par des fusées existantes alors que d'autres suggèrent le développement de lanceurs lourds.

Dans sa version actuelle, le lanceur CZ-2F peut placer 8 à 9 t de charge utile en orbite basse, c'est-à-dire la masse de Shenzhou. Mais il est difficile d'envisager une simple amélioration du vaisseau habitable chinois, comme nous l'avons suggéré précédemment, pour occuper durablement l'orbite basse. Une fusée plus puissante sera nécessaire. La CZ-2EA, qui est en cours de développement pourrait assurer cette mission ; elle a été conçue pour mettre 11,8 t sur orbite basse depuis le cosmodrome de Jiuquan.

Récemment, en octobre 2000, la CALT a présenté d'autres projets de lanceurs lourds CZ-5 fonctionnant avec des ergols non-toxiques [167]. Le plus puissant, doté d'un corps central de 50 à 60 mètres de haut et flanqué de quatre accélérateurs latéraux, serait capable de placer 30 t en orbite basse, soit 10 t de plus que la fusée Proton qui a lancé toutes les stations russes.

Lorsque ces lanceurs seront opérationnels, en principe avant 2010, la Chine pourra revendiquer, en toute légitimité, une présence permanente autour de la Terre. Dans un premier temps, elle se contentera d'une station monobloc à l'image des infrastructures orbitales russes et américaines de première génération. Ensuite, la RPC souhaite exploiter un "pied à terre" cosmique modulaire.

- **La station monobloc** – Les Chinois ont souvent décrit cette infrastructure pour leurs projets de conquête spatiale habitée. Aujourd'hui, dans le cadre du Projet-921-2, qui aurait démarré en février 1999 sous l'égide de l'Académie des Sciences [168], la CAST et l'ISME élaborent une station de 11 m de long et 4,2 m de diamètre capable de recevoir simultanément deux vaisseaux spatiaux [169]. D'une conception très proche des anciens Saliout soviétiques, ce projet comprend deux compartiments : un habitacle avec un poste de commande (4,2 m de diamètre) et un module logistique (3 m de diamètre) sur lequel sont fixés deux panneaux solaires [170].

- **La station modulaire** – Le "monobloc orbital" constituerait l'embryon d'un complexe plus ambitieux auquel viendrait s'adjoindre d'autres modules. Ce type d'infrastructure spatiale s'impose lorsqu'on souhaite étendre ses activités en orbite basse sans recourir à un lanceur lourd. Le complexe orbital assemblé en tronçons présente aussi l'intérêt d'être évolutif ; en fonction des besoins, de nouveaux modules peuvent être accouplés à la station

167 – **Wu Yansheng** et **Wang Xiaojun**, *A Prospect Over The Development of Long March Launch Vehicles in Next Decade*, IAF-00-V.1.05, 51th IAF Congress, Rio de Janeiro, 2-6/10/00.

168 – La Chine aurait constitué six groupes de travail pour étudier cette station. Lorsque l'information a été diffusée en juillet 1999, une revue de programme était prévue en mai 2000. - **Chen Lan**, "Project 921-2 off the Ground", in *Go Taikonauts !*, 16/07/99 (http://www.geocities.com/CapeCanaveral/Launchpad/1921/news).

169 – **Shanguan CHEN**, **Qianxang ZHOU** et **Guhoa JIANG**, *A Virtual Reality Experimental System for Ergonomical Layout Design of Cockpit in Manned Space Vehicle*, IAF/AIAA-00-G.3.07, 51th IAF Congress, Rio de Janeiro, 2-6/10/00.

170 – **CP**, "La Chine mise sur les vols habités", in *Air et Cosmos* n°1771, Paris, 17/11/00, p. 29.

CZ-5, une nouvelle famille de lanceurs pour les futures ambitions spatiales de la Chine ?

La Chine a choisi le salon de l'aéronautique et de l'espace du Bourget pour révéler sur Internet ses futurs lanceurs. En juin 1999, il s'agissait de la fusée CZ-2F qui met en orbite les vaisseaux chinois. Deux ans plus tard, toujours au printemps, quelques semaines avant l'ouverture du salon, un site chinois crée l'événement en diffusant le schéma d'une nouvelle famille de lanceurs dénommés CZ-5 [171]. Ce système de transport spatial est une "combinaison modulaire" qui associe étages et accélérateurs latéraux en trois versions :

- CZ-5 "light" (2,25 m de diamètre) avec un premier étage Lox/kérosène et un étage supérieur cryogénique ;
- CZ-5 " medium" (3,5 m de diamètre) avec un premier étage Lox/kérosène, flanqué de quatre accélérateurs (dérivés de la CZ-5 "light") et d'un second étage cryogénique ;
- CZ-5 "heavy" presque identique à la CZ-5 "medium" mais comportant des étages principaux de plus grands diamètres (5m).

Le document diffusé sur Internet ne précise pas les performances de ces fusées. Mais la version lourde de la CZ-5 semble correspondre à un projet de lanceur apparu dans une publication scientifique chinoise de 2000 [172]. En se référant à ce document de la CALT, la CZ-5 "heavy" placerait près de 30 t en orbite basse et quelque 11 t en orbite de transfert géostationnaire. Avec cette fusée, qui serait mise en service avant 2010, les Chinois souhaitent égaler, sinon dépasser, la capacité des nouveaux lanceurs lourds européens (Ariane-5) et américains (Atlas-5 et Delta-4).

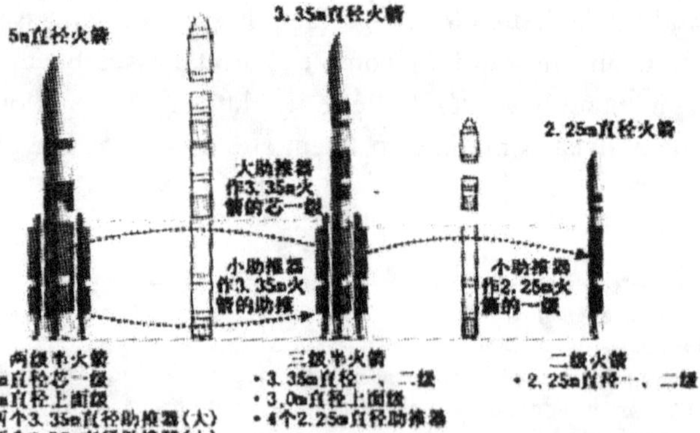

© Go Taikonaute

Les lanceurs CZ-5 : un transport spatial modulaire.

171 - **Théo PIRARD**, "Chine : simulateur et lanceur", in *Air et Cosmos* n°1801, Paris, 22/06/01, p. 60.

172 - **Yangshen WU** et **Xiajun WANG**, op cit.

Stations spatiales chinoises en projet

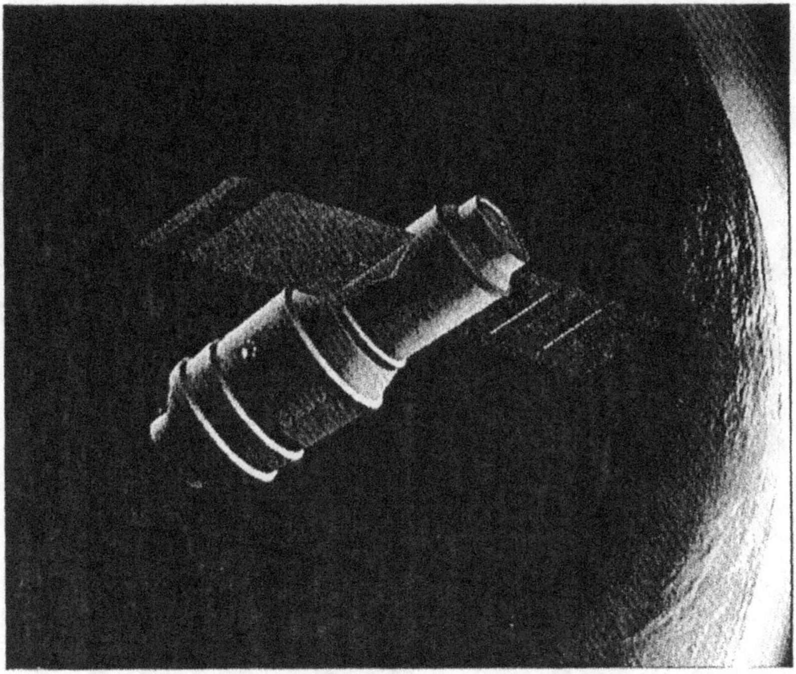

Station spatiale en cours de développement dans le cadre du Projet 921-2 (CAST / ISME) : une infrastructure modeste pour apprendre à vivre et travailler en apesanteur pendant de longues périodes

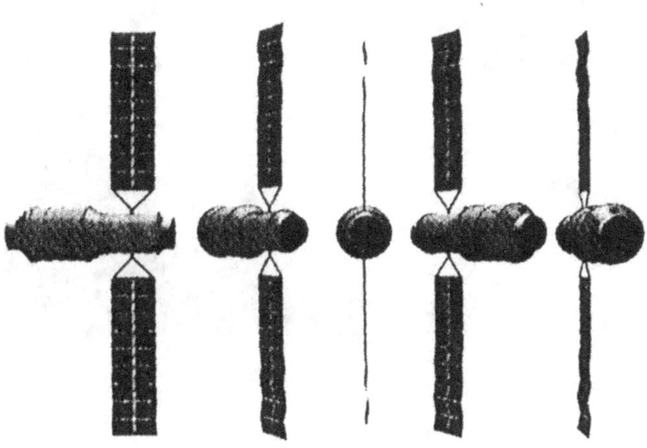

© Mourad Cherfi

Stations spatiales chinoises en projet

© Mourad Cherfi

Projet de station spatiale chinoise modulaire (4 tronçons) qui illustre depuis quelques années les plaquettes de la CASC.

pour remplacer ses éléments vieillissants ou étendre ses capacités scientifiques et techniques.

La station modulaire, expérimentée au début des années 1980 par les Soviétiques avec Saliout-6 et Saliout-7, a été définitivement adoptée par les Russes avec Mir. Aux États-Unis, ce concept s'est aussi imposé dans les années 1970 avec le développement de la Navette Spatiale. Les performances du nouveau vaisseau américain et le volume de sa soute ont contraint les ingénieurs de la NASA à "tronçonner" en modules leurs projets de grande station orbitale [173]. Les plans élaborés dans les années 1980 avec le Space Operation Center (SOC) et Freedom sont à l'origine de la configuration modulaire retenue pour la station spatiale internationale.

Dès lors, on comprend mieux la vue d'artiste d'une station chinoise modulaire qui illustre depuis le début des années 1990 les documents commerciaux de la CAST ou de la CASC [174]. Cette station se compose de quatre modules. Chaque module comprend trois parties cylindriques ; le cylindre médian possède un diamètre plus important et une longueur deux fois supérieure aux deux autres cylindres qui lui sont accolés. Un cosmonaute, évoluant à proximité de la station donne l'échelle des tronçons : 10/12 m de long et 3,5/4 m de diamètre. Tous les modules se ressemblent à l'exception d'un élément doté d'une partie sphérique qui assure la jonction des trois autres. La station est alimentée par six paires de panneaux solaires (deux modules avec deux paires et deux modules avec une paire).

Une autre station modulaire a été exposée au Pavillon de la Chine à l'exposition universelle d'Hanovre en 2000. La maquette comprenait cinq modules dont les dimensions paraissaient compatibles à la coiffe du lanceur CZ-2F. Un module de jonction (2,5 m de diamètre pour 3 m de long), supportant deux grands panneaux solaires, reliait deux autres modules (2,5 m de diamètre pour 9 m de long)

173 – **John M. LOGSDON et George BUTLER**, "Historical Review of Space Station Concepts", *Space stations and space platforms - concepts, design, infrastructure and uses*, AIAA vol 99, Martin Summerfield, New York, 1985, pp. 203 à 263.

174 – "Future programs", Plaquette de la CASC, Pékin, 1998.

comportant chacun dix pièces d'amarrage sur lesquelles on pourrait attacher d'autres éléments (module propulsif pour rehausser l'orbite de la station, vaisseau cargo, laboratoires, sas de sortie extra-véhiculaire, etc.). Enfin, une structure en treillis, parcourant les trois modules principaux, portait plusieurs types d'antennes. Avec 20 m de long et 40 t (estimation visuelle..), cette station paraissait à la fois modeste et très évolutive (nombreux sas d'arrimage).

L'exploitation de la station modulaire a été décrite dans un article chinois [175] qui évoquait l'analyse de coût d'un système de transport spatial. L'étude réalisée par Q. Qiu et Z. Huang (Institut d'ingénierie des systèmes de Pékin) considère une station constituée de cinq à six modules de 20 t. Pendant sa durée de vie, estimée à dix ans, des équipages de trois cosmonautes s'y succèdent pour des périodes de 90 jours.

▪ Quelle mission pour la station chinoise ?

Dans la grande astronautique, la station spatiale constitue la pièce maîtresse d'un ensemble beaucoup plus vaste qui met en relation d'autres engins spatiaux (vaisseau de transport, satellite relais, etc.) pour exploiter les gisements de l'orbite basse. En fait, à l'instar des programmes russes et américains, voire européens (avec le laboratoire Spacelab), la station chinoise pourrait accomplir un très grand nombre de missions ; ses occupants poursuivront de toute manière le travail accompli à bord des vaisseaux Shenzhou. L'énumération suivante rappelle les principales tâches qui ne manqueront pas d'être confiées aux équipages de l'Empire du Milieu.

- **Sciences de la vie** – Par rapport au vaisseau Shenzhou, la station permet d'étudier l'influence de l'apensanteur sur le corps humain pendant de longues périodes. Après 30 ans de recherches dans les complexes orbitaux russes et américains, il serait intéressant de connaître la motivation des Chinois dans ce domaine.

- **Sciences des matériaux** – Malgré l'échec de "l'industrialisation" spatiale des matériaux et l'abandon des projets d'usines orbitales rus-

175 – **Q. QIU** et **Z. HUANG**, *Life Cycle Cost Analysis of Space Transportation*, IAA-99-1.1.05, 46th IAF Congress, Oslo, 2-6/10/96.

ses (Poliouz [176]) et américaines (ISF [177]), les responsables de l'astronautique affirment que leur grande station modulaire sera dédiée à la fabrication de matériaux nouveaux en apesanteur [178]. L'étude et la fabrication des semi-conducteurs pourraient dominer cette classe de missions qui a déjà débuté avec quelques expériences embarquées dans les capsules récupérables FSW et le vaisseau Shenzhou.

La recherche chinoise sur les matériaux en microgravité

La réalisation d'expériences à bord des capsules récupérables FSW a montré l'intérêt des Chinois pour les recherches en microgravité. Placées sous le contrôle de l'Académie des Sciences, des centaines d'expériences ont été réalisées à bord des véhicules spatiaux chinois depuis 1987 (FSW-0-9). Le domaine des matériaux constitue une part importante de ces recherches et, selon les déclarations officielles, devrait monopoliser l'activité des équipages de la future station chinoise.

Les recherches sur les sciences des matériaux concernent six organismes :

- **CSSAR** : préparation et exploitation des expériences scientifiques embarquées ;
- **Institut de céramique de Shanghai** : observation et analyse de la croissance des cristaux, matériels d'expérience ;
- **Institut de physique** : croissance des cristaux, solidification des alliages, simulations, techniques de lévitation et équipements scientifiques ;
- **Institut de physique de Lanzhou** (CAST) : équipements scientifiques ;
- **Institut des semi-conducteurs** : croissance des cristaux ;
- **Institut de recherche sur les métaux de Shengyang** : solidification des alliages.

176 – Ce module de 100 t, développé par les Soviétiques au début des années 1980, devait être lancé par Energia. En orbite, Poliouz aurait dû constituer une "usine spatiale" capable de produire plusieurs tonnes de matériaux par an. En 1984, cette plate-forme a été modifiée pour expérimenter des armes spatiales dans le cadre du projet Skif-DM.

177 – La station commerciale ISF (Industrial Space Facility) a été proposée pendant plusieurs années par la société SII (Space Industries Inc.). En 1985 et 1988, des accords avaient été conclus avec la NASA pour mettre en orbite et exploiter l'ISF avec la Navette Spatiale. Mais l'accident de Challenger en 1986 et le manque de budget ont entraîné l'abandon du projet.

178 – En 1993, l'agence Sin Hua rappelait l'intérêt de la Chine pour la production de nouveaux matériaux à bord d'une station orbitale. - **Pierre LANGEREUX**, "Le programme de vols pilotés chinois", in *Air et Cosmos* n°1436, Paris, 30/08/93, p. 9.

• **Observation de la Terre** – En orbite basse, la station constitue l'avant-poste idéal pour observer la Terre. En outre, la situation des bases de lancement chinoises permet d'envisager des orbites fortement inclinées permettant de survoler la plupart des terres émergées et des zones habitées. Des versions améliorées des dispositifs d'observation développés par les Chinois (Institut de recherche spatiale en électronique) dans le cadre des programmes FSW et Shenzhou seront installées à bord de la station. On imagine que leur utilisation soit optimisée avec la présence d'un équipage entraîné à cet effet. À l'instar de ce qui a été réalisé avec les capsules récupérables et les vaisseaux habitables, l'observation de notre planète pourrait être conduite à des fins civiles et militaires pour compléter la mission des satellites automatiques. Certains analystes estiment que le projet de station a été vendu aux militaires pour cette seule mission. C'est possible. Mais toutes les expériences d'observation de la Terre conduites par les cosmonautes ont montré le faible intérêt stratégique des stations orbitales ou des vaisseaux spatiaux pour ce type d'activité. Américains, Russes et Français ont abandonné depuis longtemps la surveillance militaire de la Terre à des satellites automatiques dédiés. En définitive, les Chinois souhaiteront peut-être transformer leur station en "citadelle céleste" pour rappeler au monde leur capacité à observer la Terre en cas de nécessité.

• **Astronomie et astrophysique** – Depuis le début de la conquête spatiale, les observatoires orbitaux ont démontré l'intérêt de s'affranchir de l'écran atmosphérique pour étudier l'Univers. Toutes les stations spatiales comportent des équipements pour scruter le ciel. Les établissements de recherche chinois sur les sciences de l'Univers pourraient procurer le matériel nécessaire pour effectuer ce type de mission à l'instar de ce qui est déjà fait avec Shenzhou.

• **Technologie** – La station constitue un banc d'essai idéal pour tester et mettre au point les technologies spatiales destinées aux missions automatiques et habitées. L'expérimentation des matériels peut être réalisée à bord du complexe orbital, lorsque l'environnement pressurisé est requis, ou à l'extérieur. L'expérience des stations russes montre qu'il est possible de réaliser de nombreuses activités extra-véhiculaires dédiées à la technologie : essais de nouveaux panneaux solaires, déploiement de "structures encombrantes", assemblage de poutres, etc.

• **Maintenance** – Cette activité occupe une place prépondérante dans l'exploitation d'une station spatiale. *A priori*, on pourrait considérer l'entretien d'une station comme une contrainte majeure qui éloigne les cosmonautes de leurs travaux scientifiques et techniques. En fait, il s'agit d'une activité indispensable si l'on souhaite diminuer le coût d'exploitation d'une plate-forme spatiale et viser des objectifs plus ambitieux. En remplaçant des équipements défaillants ou en effectuant des travaux à l'extérieur, il est possible d'allonger sensiblement la durée d'exploitation d'une station spatiale ; dans ce domaine, l'exemple de la station russe Mir est flagrant. Ces travaux permettraient aussi aux Chinois de préparer les étapes ultérieures : les vols interplanétaires et les bases extra-terrestres. Enfin, à l'instar des autres infrastructures orbitales, la maintenance de la station chinoise pourrait être assistée par des systèmes de télémanipulation [179].

179 – La robotique spatiale est étudiée par un département de l'Université Nationale de Technologie de Defense.

10

Des ailes aux Longue Marche

Le contexte international du transport spatial réutilisable - L'histoire non-officielle de l'avion spatial chinois - Ébauches de navettes chinoises

La fusée ne sert qu'une fois. Cette aberration du transport spatial a "condamné" pendant plusieurs décennies le développement de l'astronautique sur des bases économiques ; l'accès à l'espace demeure une activité risquée et très onéreuse. Cette situation devrait évoluer au XXIe siècle avec la mise en service progressive de lanceurs réutilisables capables d'abaisser sensiblement le coût du kilogramme en orbite. Toutes les puissances spatiales sont impliquées dans l'étude et le développement de ces lanceurs futurs. Au delà du Projet 921 "Shenzhou", la Chine envisage aussi de se doter de tels véhicules pour ravitailler ses stations spatiales ou mettre des charges utiles en orbite.

▪ Le contexte international du transport spatial réutilisable

Aux États-Unis, la NASA souhaite remplacer ses Navettes Spatiales par des engins complètement réutilisables et plus fiables. La réalisation de la Navette de seconde génération a déjà fait l'objet de nombreuses études. La célèbre "filiation X-planes" s'est aussi enrichie de nombreux démonstrateurs destinés à développer les technologies nécessaires. Mais le développement des "liners" spatiaux américains s'est avéré plus difficile que prévu. Les ambitieux démonstrateurs suborbitaux réutilisables X-33 et X-34 n'ont pu être réalisés et testés en raison de budgets trop faibles et de défauts de conception. En revanche, les X-37, X-38 et X-43 restent en lice et s'intègrent désormais dans la Space Launch Initiative (SLI) de la NASA qui doit aboutir à la définition d'une Navette de seconde génération vers 2005. Le Pentagone soutient des programmes identiques (X-40A, X-41, X-42, etc.) mais sans qu'il soit possible d'en évaluer l'ampleur en raison du secret qui couvre la plupart des projets.

La modernisation du transport spatial concerne d'autres agences spatiales à travers le monde. Par exemple, l'Agence spatiale européenne étudie depuis plusieurs années les successeurs d'Ariane-5 dans le cadre des programmes FESTIP (Future European Space Transportation Investigation Programme) et FLTP (Future Launchers Technologies Programme). En Europe, la France, l'Allemagne et l'Italie sont toujours les chefs de file des initiatives dans ce domaine et envisagent la réalisation de démonstrateurs. Plus à l'Est du vieux continent, il y a aussi la Russie qui tente de maintenir un programme de recherche comparable en dépit de ses difficultés économiques (développement de l'étage réutilisable Baïkal).

L'avion spatial et ses avantages

L'avion spatial (la navette spatiale, le lanceur réutilisable ailé, etc.) est la solution la plus luxueuse pour se rendre en orbite. Cette formule présente les avantages suivants :

- **Réutilisation** : elle évite "les tirs à boulets perdus" et rationalise son utilisation si plusieurs vols sont envisagés.
- **Déport latéral** : les caractéristiques aérodynamiques de l'avion spatial permettent d'effectuer des déports latéraux importants au moment de la rentrée atmosphérique. De ce fait, l'engin n'est plus contraint de survoler la verticale du site d'atterrissage pour revenir sur Terre ; les possibilités de retour sont multiples. Par exemple, lorsque les conditions météorologiques sont mauvaises, le véhicule peut se dérouter sur un autre site d'atterrissage.
- **Confort** : l'avion spatial offre un confort accru à ses passagers. Lors de la mise en orbite, les accélérations sont très inférieures à celles des lanceurs consommables et le long vol plané du retour s'accompagne d'une décélération très supportable qui s'apparente à celle d'un aéronef classique.

Toutes ces caractéristiques permettent à un grand nombre de candidats de se rendre dans l'espace. Des scientifiques, physiquement moins entraînés que les pilotes militaires (profession majoritaire dans le corps des astronautes), peuvent prendre part à des missions complexes et les valoriser selon leurs spécialités.

En Asie, le Japon ambitionne toujours de mettre au point des lanceurs réutilisables malgré de nombreux problèmes techniques avec ses lanceurs M-5 et H-2. Les Nippons développent l'avion spatial HOPE (H2 Orbiting Plane) et préparent à cet effet l'essai en vol des démonstrateurs HSFD (High Speed Flight Demonstrator) avec l'aide de la France. En l'An 2000, l'étude des lanceurs réutilisables a été entièrement remaniée. Enfin, disposant de technologies spatiales moins développées, l'Inde n'en demeure pas moins déterminée en ce qui concerne les lanceurs réutilisables. Ce pays a dévoilé, il y a quelques années, un projet de lanceur monoétage à propulsion combinée (aérobie et fusée) dénommé AVATAR (Aerobic Vehicle for Advanced Trans-Atmospheric Research) dont un démonstrateur pourrait voler prochainement (projet "Mini-AVATAR") [180].

▪ L'histoire non-officielle de l'avion spatial chinois

Comme nous l'avons précisé au début de cet ouvrage, le professeur Tsien a dû transmettre sa passion pour les "machines aérospatiales performantes" à ses compatriotes. Malheureusement, aucun document n'atteste une quelconque implication du savant chinois dans les affaires de navettes. Pourtant, dans le cadre de ses recherches aérospatiales, l'Empire du Milieu a bien évalué les potentialités de l'avion spatial. Celui-ci devrait constituer la suite logique des vaisseaux Shenzhou.

Il est probable que l'histoire de la navette spatiale chinoise commence dans les années 1970. À cette époque, il s'agit de développements exploratoires avec des maquettes de cockpit comme l'atteste une étrange photographie publiée en 1980. De toute évidence, ce poste de pilotage présentait des similitudes avec celui d'un aéronef et sa dimension ne correspondait pas à l'encombrement d'une capsule spatiale. En 1986, le *Quotidien du Peuple* [181] associait effectivement ce cockpit à celui d'une navette spatiale. À la fin des années 1980, le terme de "navette spatiale" est utilisé

180 - AVATAR est le successeur, moins ambitieux, du projet Hyperplane étudié au début des années 1990. L'avion spatial indien serait capable de placer 1 t en orbite basse ou de croiser à Mach 7 dans l'atmosphère pour conduire des missions militaires. Le système propulsif utiliserait un liquéfacteur d'air pour "récupérer" l'oxygène nécessaire à sa propulsion. En 1998, la DRDO (Defense Research and Development Organization) a attribué un budget modeste de 5 M$ pour commencer les travaux. Mais 2 G$ seraient nécessaires pour réaliser ce projet en dix ans. - **K.S. JAYARAMAN**, "India Sees Bright Skies for Space Plane", in *Space News* vol 9/n°20, Springfield, 18/05/98, p. 15.

181 - "First Crew Picked for Chinese Spacecraft", in *China Daily*, Pékin, 01/09/86, p. 22.

Cockpit de vaisseau inconnu

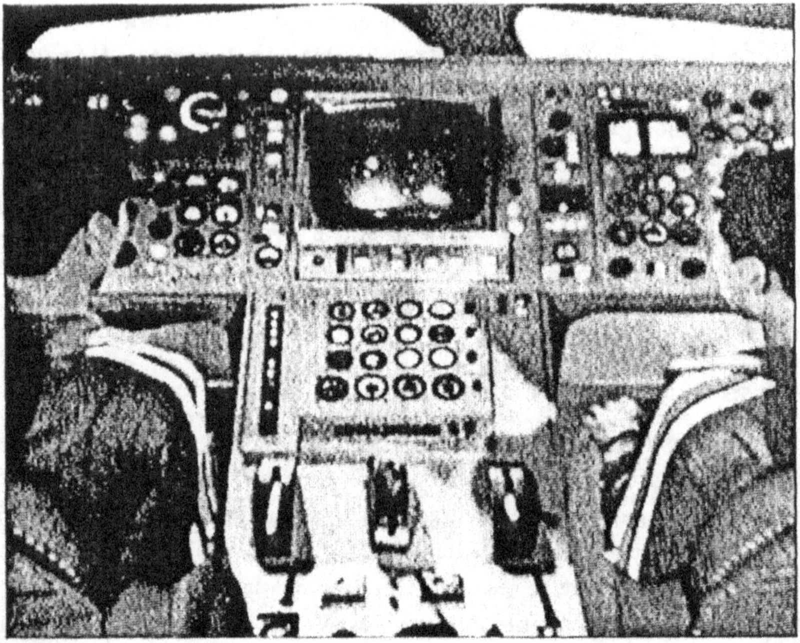

Des aspirants cosmonautes chinois dans le simulateur d'un cockpit de vaisseau spatial. Les dimensions de l'habitacle ne correspondent pas à ceux des vaisseaux Shuguang et Shenzhou. Ce cockpit très "rustique" montre des similitudes avec celui d'un avion spatial. (photographie publiée au début de 1980).

plusieurs fois par les Chinois pour décrire le moyen de transport qui desservirait leur station orbitale [182]. Mais les Russes aussi utilisent ce terme pour décrire leur vaisseau non réutilisable Soyouz. Alors qu'en est-il ?

Le 31 octobre 1992, l'agence de presse Zhongguo Tonxun She (Hong Kong) révèle que la construction d'un site de lancement pour navette spatiale aurait commencé sur le cosmodrome de Jiuquan [183]. Quatre ans plus

182 – En novembre 1987, Ding Henggao, le ministre chinois de la science et de la technologie, aurait déclaré que son pays envisageait l'utilisation d'une navette spatiale au début du XXIe siècle.

183 – **Neville KIDGER**, "...and Launch Own Manned Shuttle", in *Spaceflight* vol 35, Londres, janvier 1993, p. 80.

tard, lors de la manifestation spatiale de Zuhai, les Chinois exposent une maquette de navette très sommaire [184]. Au salon du Bourget de 1997, des officiels chinois annoncent la mise en service d'un petit avion spatial au début du XXIe siècle [185]. En 1998, les Chinois profitent à nouveau du salon aérospatial de Zhuhai pour diffuser de nouvelles informations et quelques vues de maquettes de soufflerie, une première. L'engouement de la Chine pour les navettes se perpétue dans le défilé qui commémore le 50e anniversaire de la RPC : un char exhibe la maquette d'un petit avion spatial.

En fait, plusieurs rapports américains convergent vers ce type de véhicule dont la masse serait proche de 22 t. L'avion spatial chinois ressemblerait aux engins étudiés en Europe (Hermès) et au Japon (HOPE). A l'instar de Shenzhou, ce programme aurait débuté en 1989 et été désigné plus tard par Projet-921-3. Il serait doté d'un budget de 1,35 G$. Opérationnel après 2005, l'avion spatial chinois serait réutilisable une trentaine de fois pour mettre en orbite basse des charges utiles de 3,5 t. Avec cet astronef, des équipages de trois cosmonautes accompliraient des missions d'une durée maximum de cinq jours [186]. Les Américains insistent sur l'aspect militaire de la navette chinoise. Par exemple, ils évoquent l'intérêt des Chinois pour les transferts entre des orbites coplanaires [187] qui seraient essentielles pour des missions anti-satellites...

▪ Ébauches de navettes chinoises

Au-delà des déclarations chinoises et des spéculations américaines, l'intérêt de la RPC pour le transport spatial réutilisable est manifeste comme en témoignent les nombreuses ébauches de navettes présentées dans les congrès d'astronautique. Au cours de ces manifestations, plusieurs établissements impliqués dans ce secteur aérospatial ont pu être identifiés avec leurs travaux de recherche ou leurs projets.

184 – **Joan JOHNSON-FREESE**, The Chinese..., op. cit., p. 98.

185 – **Théo PIRARD**, "Deux Chinois dans l'espace en 2001/2002", in *Air et Cosmos* n°1618, Paris, 20/06/97, p. 45.

186 – **Viacheslav A. FROLOV**, "China's Armed Forces Prepare for Hightech Warfare", in *Defense and Foreign Affairs : Strategic Policy*, 01/98, pp. 12 et 13.

187 – **Wang Xiaojun**, "Study On Minimum-fuel Low Thrust Multiple Burn Transfer Between Coplanar Circular Orbits", in *Yuhang Xuebao* vol 17/n°3, [?], 1996, pp. [?].

Les projets de navettes spatiales chinoises

© Philippe Coué

L'avion spatial chinois, décrit par les Américains, ressemblerait à cet engin qui a été présenté en maquette à l'occasion du défilé célébrant le 50e anniversaire de la RPC.

• **Centre de Recherche et de Développement Aérodynamique Chinois de Mianyang** – Spécialisé dans l'aérodynamique, l'aérothermodynamique et la rentrée atmosphérique des véhicules spatiaux, cet "établissement provincial" possède certainement les moyens d'essai les plus performants d'Asie dont une soufflerie Mach 5/10. A Mianyang, on étudie les petits avions spatiaux et des répliques de l'orbiter américain.

• **Institut Aérodynamique de Pékin** – Cet établissement, de réputation internationale, effectue la plupart des calculs, des travaux théoriques et des essais en soufflerie des projets aérospatiaux chinois. Dans le domaine spatial, en dehors de Shenzhou, cet Institut se consacre aux lanceurs réutilisables et aux avions spatiaux. À partir des projets hypersoniques occidentaux, les aérodynamiciens de Pékin ébauchent de nouvelles formes et fabriquent des maquettes de soufflerie. Les brochures de l'Institut, diffusées à l'occasion du salon de Zuhai (fin 1998), ont révélé l'intérêt des Chinois pour les petits avions spatiaux de type Hermès (Europe) ou HOPE (Japon).

• **Institut d'ingénierie des Systèmes de Pékin** – Sous la direction de la COSTIND, avec la coopération de la CALT et de la Troisième Académie, cet Institut étudie des lanceurs monoétage réutilisables de 2000 t. en versions automatiques et habitées.

• **Institut de Recherche des Moteurs Aérospatiaux de Shenyang** – Dès 1987, cet Institut a étudié, avec deux autres organismes de recherche [188], un biétage réutilisable (*Two Stage To Orbit* ou TSTO selon la désignation anglo-saxonne) à décollage et atterrissage horizontaux. Le premier étage (85 m de long et 12 m de large) est propulsé par six moteurs combinés alimentés en hydrogène. La séparation des deux étages intervient à Mach 6, à une altitude comprise entre 26 et 32 km. Ensuite, le second étage (ou orbiter) rejoint l'orbite basse pour y déployer une charge utile de 4 t.. Selon Li Zhighuang, ce projet mobilisait une cinquantaine d'ingénieurs et de techniciens en 1991. À cette époque, la définition du

188 – Chaque organisme est spécialisé dans un type de propulsion : turbines à gaz, statoréacteurs et moteurs-fusées.

Les projets de navettes spatiales chinoises

Projet de navette spatiale chinoise
étudié par le Centre de Recherche et de Développement Aérodynamique Chinois de Mianyang.

TSTO était achevée et sept types de moteurs avaient été étudiés [189]. Pour la phase suivante, cet Institut prévoyait de tester des matériaux et de réaliser des développements exploratoires dans le domaine de la propulsion [190].

• **Troisième Institut de Recherche de Pékin** – Au congrès IAF de Dresde en 1990, les Chinois Shusheng Wang et Kexun Zhang ont présenté un avant-projet de lanceur réutilisable biétage étudié dès 1987 [191]. Ce concept, préféré au monoétage *(Single Stage To Orbit* ou SSTO) trop complexe et coûteux à réaliser, comprend un premier étage (198 t) à propulsion combinée et un second étage (132 t) avec des moteurs-fusées classiques. Le TSTO décolle en mode fusée jusqu'à Mach 0,8 et l'allumage des statoréacteurs. Les moteurs-fusées sont éteints à Mach 1,9 et 9 km d'altitude. Ensuite, les huit statoréacteurs, alimentés en hydrogène, assurent la propulsion du composite jusqu'à la vitesse de Mach 6,5 (Mach 7 dans certaines configurations de vol) et 35 km d'altitude. À cette étape du vol, les quatre moteurs-fusées du véhicule orbital sont allumés avant la séparation des deux étages. L'orbiter se satellise à une altitude provisoire de 100/500 km pendant que le porteur revient sur Terre propulsé par ses statoréacteurs. L'orbiter revient au sol comme un planeur hypersonique. Ce système de transport spatial placerait 6 t et trois astronautes à 500 km d'altitude [192] [193].

• **Université Nationale de Technologie de Défense** (Changsha) – En 1988, cet établissement de recherche militaire était impliqué dans l'étude et la reconstitution des avions spatiaux et lanceurs réutilisables "dérivés" des projets européens Hermès et HOTOL (lanceur monoétage).

• **Université Polytechnique du Nord-Ouest** (Xian) – En 1996, Shilu Chen, Yan Hui et Xuefu Lu du célèbre Collège d'astronau-

189 – Les experts occidentaux qui ont visité les centres de recherche aérospatiaux de la Province de Shenyang estiment que les Chinois conduisent des études sur les RLV comparables à celles des autres puissances.

190 – "Chinese Studying TSTO-based Space Transportation System", in *AWST*, New York, 9/12/91, p. 70.

191 – "China Spaceplane Concept", in *Science et Technique Perspectives* vol 6/n°12, [?], 12/11/91, pp. 7 à 9.

192 – **Pierre LANGEREUX**, "Première Esquisse d'une Navette", in *Air et Cosmos* n°1302, Paris, 20/10/90, p. 29.

193 – **Shusheng WANG** et **Kexun ZHANG**, *Preliminary Study of the Rocket-ramjet Concept for HTO Spaceplane*, IAF-90-264, 41st IAF Congress, Dresde, 6-12/10/90.

Les projets de navettes spatiales chinoises

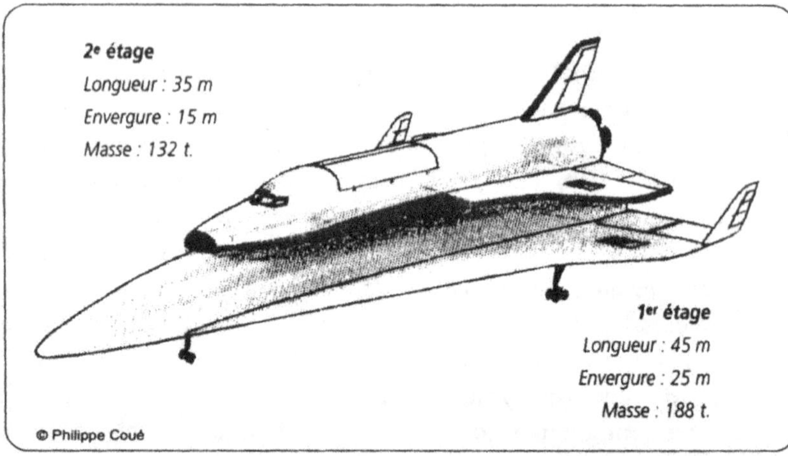

Projet de lanceur aérospatial biétage présenté par le 3e Institut de Recherche de Pékin en 1990.

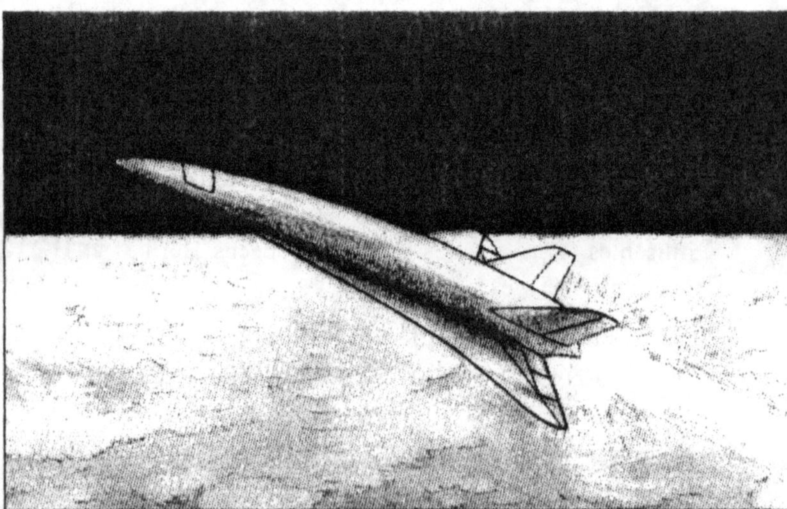

© Philippe Coué

Premier étage en phase propulsée d'un TSTO
étudié en 1996 par l'Université polytechnique du Nord-Ouest

tique de Xian et Ying Nan de l'Université aéronautique et astronautique de Pékin ont présenté, au congrès IAF de Pékin, une étude sur les trajectoires optimales d'un TSTO pour obtenir le meilleur rapport de masse. Le système de transport spatial, défini pour l'étude, est une "copie" moins performante du projet allemand Sänger ; il serait capable de placer 4 t sur une orbite basse à 450 km et inclinée à 51,6°. Les sites de décollage chinois considérés sont Xian, Xichang et Haikou [194].

D'autres travaux sur les navettes spatiales seraient réalisés par le 11e Institut de recherche de la CALT et par la SAST.

Enfin, durant l'automne 1999, une dépêche de l'agence de presse russe ITAR/TASS annonçait l'intérêt des Chinois pour les technologies hypersoniques russes (statoréacteurs et démonstrateurs). À l'époque, une délégation d'experts chinois, conduite par l'Académicien Yao Shao Fu, devait visiter les bureaux d'études Soyouz et Fakel et le complexe militaro-industriel MAPO [195].

Cette brève description taxinomique montre que les Chinois n'ont pas dépassé la planche à dessin et les essais en soufflerie pour leur navette spatiale. De toute façon, si les essais en vol d'un avion spatial chinois avaient été réalisés, les puissances spatiales auraient été en mesure de les observer et d'en informer aussitôt la communauté internationale [196]. Assurément, le développement du transport spatial réutilisable chinois sera long et sa mise en service, au-delà de 2005, relève encore de la prospective. Pour les vols habités, il est probable que les vaisseaux Shenzhou sillonnent longtemps l'espace sans "la concurrence ailée" d'une navette.

194 – **Shilu CHEN, Xuefu LU, Ying NAN et Yan HUI**, *The Optimal Design of Ascent Trajectory / Airbreathing Propulsion Performance of TSTO/HTO Launch Vehicles*, IAF-96-A3.02, 47th IAF Congress, Pékin, 7-11/10/96.

195 – "China Interested in Russian Hypersonic Engines", ITAR/TASS, Moscou, 18/11/99 (FBIS-CHI-1999-1118).

196 – Dans les années 1980, les satellites d'observation américains Key Hole (résolution inférieure à 50 cm) ont pu observer toutes les expériences conduites par les Soviétiques dans le cadre de leurs programmes de navettes spatiales. Les informations recueillies par le Pentagone étaient divulguées dans la presse quelques mois plus tard.

11

La Chine au firmament

Sur l'astre des nuits - Les explorateurs lunaires automatiques de la RPC - Les Chinois sur la Lune - Mars la rouge

Lorsque la Chine maîtrisera les vols spatiaux habités, elle sera peut-être tentée par des objectifs plus ambitieux, au-delà de l'orbite terrestre. Dans le Système solaire, deux mondes sont convoités : la Lune et Mars. Les autres planètes intérieures sont trop chaudes et trop proches du Soleil (Mercure et Vénus) pour envisager une quelconque mission pilotée à court terme. Vénus peut être utilisée comme tremplin gravitationnel pour aller vers Mars ou le Système solaire extérieur mais elle demeure trop inhospitalière (450°C et 100 Atmosphères à la surface) pour être visitée par l'Homme. Dans le cas des planètes géantes (Jupiter, Saturne, Uranus et Neptune) – celles qui forment le Système solaire extérieur avec Pluton – elles sont beaucoup trop éloignées pour envisager sérieusement des missions habitées avec les systèmes de propulsion actuels.

En conséquence, il est probable que la Chine "emboîte le pas" aux projets plus classiques des puissances spatiales pour le XXIe siècle : la présence permanente des hommes sur la Lune et l'exploration habitée de la planète Mars. En principe, ces deux objectifs dépassent les capacités financières de la Chine et impliquent une coopération avec d'autres puissances spatiales. Mais les moyens mis en œuvre pour le Projet 921 montrent qu'il faut être prudent. Il n'est pas exclu que l'Empire du Milieu décide de s'engager seul dans l'aventure. Le pavillon de la République Populaire à l'Exposition Universelle de Hanovre accréditait cette hypothèse avec un diorama de la surface lunaire arpenté par deux cosmonautes...

■ **Sur l'astre des nuits**

La Lune, qui fut l'objectif prioritaire de la conquête spatiale des années 1960, a été visitée par l'Homme dans le cadre du programme américain Apollo entre 1969 et 1972. Cet exploit sans précédent, dans la grande histoire des explorations, était politique (compétition américano-russe) [197]. L'incursion de l'Homme sur la Lune n'a pas abouti à son installation permanente en dépit des nombreux projets de bases lunaires planifiés pour les années 1970 (installations semi-permanentes) et 1980 (Laboratoire International Lunaire permanent) [198]. La production des matériels spatiaux (lanceurs et véhicules lunaires), qui aurait permis la première colonisation extra-terrestre, a été stoppée au début des années 1970 au profit de programmes moins ambitieux et plus réalistes en orbite terrestre.

Mais la Lune n'a pas été complètement abandonnée. Depuis 1990, des sondes sont envoyées périodiquement pour compléter l'exploration des engins russes et américains. En fait, les agences spatiales manifestent à nouveau leur intérêt pour notre satellite naturel depuis que la sonde américaine Lunar Prospector aurait détecté de très grandes quantités d'eau sur les pôles. L'eau constitue bien évidemment la substance la plus précieuse des futurs explorateurs spatiaux. Si sa présence était confirmée, ce liquide pourrait servir à alimenter en oxygène et en hydrogène les réservoirs des astronefs lunaires et faciliter la vie des occupants d'une base permanente. L'utilisation des réserves d'eau lunaires réduirait sensiblement le coût d'exploitation d'une telle infrastructure.

Dans ces conditions, la Lune pourrait se transformer au XXIe siècle en nouveau "continent scientifique" comme le fut au siècle dernier l'Antarctique.

Contrairement aux missions lunaires des années 1960, le retour des hommes sur la Lune ne peut être envisagé à court terme. L'exploration disparaîtra progressivement au profit de l'exploitation scientifique et/ou commerciale. Alors, le terme de colonisation pourra s'appliquer aux activités

197 – Pour approfondir le sujet, je conseille au lecteur l'excellent ouvrage de Jacques Villain intitulé : *À la conquête de la Lune* (Éditions Larousse, Paris, août 1998).

198 – En 1985, l'Institut lunaire et planétaire de Houston a publié un recueil d'articles scientifiques sur les bases lunaires, un ouvrage de référence sur le sujet : *Lunar bases* (W.W. Mendel Editor, 1985).

humaines sur notre satellite naturel. Ces activités seront nombreuses et seulement limitées par l'imagination des entrepreneurs et leurs ressources financières.

En fait la Lune est une station orbitale idéale. Notre satellite est dépourvu d'atmosphère et stable. Il s'agit même du meilleur "satellite stabilisé trois axes". C'est un endroit propice pour revisiter toutes les sciences terrestres et, en particulier, pour l'astronomie. Les projets sont nombreux pour installer, sur la face visible, des observatoires astrométriques et, sur la face cachée, des radiotélescopes puissants protégés de la pollution radioélectrique terrestre par plus de 2 000 km de roches.

Notre satellite naturel est aussi une mine à ciel ouvert. Que les générations futures se rassurent, les pénuries de matières premières terrestres pourront toujours être comblées par les minerais lunaires. Aux États-Unis, pays où les grandes fortunes se sont souvent bâties sur l'exploitation des ressources naturelles, il existe de nombreux entrepreneurs qui rêvent d'exploiter ces richesses extra-terrestres. Parmi elles, il y a l'Hélium-3. Cet isotope de l'hydrogène s'est rendu célèbre en constituant le carburant idéal des futures centrales nucléaires à fusion. Dans le cas (encore improbable) où cette filière énergétique se développerait, l'exploitation de l'Hélium-3 lunaire pourrait devenir rentable.

Assurément, les bases lunaires et leur exploitation sont des thèmes récurrents de la conquête spatiale. Mais aujourd'hui, le lecteur sera surpris d'apprendre que les projets sélènes les plus ambitieux sont asiatiques. Depuis la fin des années 1980 et l'Initiative d'exploration spatiale (acronyme anglais SEI pour Space Exploration Initiative) américaine, la "fièvre lunaire" s'est emparée des bureaux d'études japonais des organismes d'État (ISAS, MEXT, NASDA, etc.) et des sociétés (Nissan, Shimizu, etc.). Plusieurs sondes nippones sont programmées pour compléter l'exploration de la Lune et préparer son exploitation. A côté du Japon, l'Inde a aussi désigné la Lune comme prochain objectif de ses missions scientifiques [199].

▪ Les explorateurs lunaires automatiques de la RPC

La Chine sera-t-elle inspirée par la volonté japonaise d'investir sur la Lune ? Plusieurs spécialistes des programmes spatiaux asiatiques estiment

199 - **Philippe COUÉ** - "Bengalore sur la Lune", in *l'Astronomie* vol 114, Paris, juillet/août 2000, p. 270.

que les programmes nippons et chinois se ressemblent et qu'il existe une certaine compétition entre ces deux nations.

En fait, l'attrait des Chinois pour la Lune est ancien. Un intérêt qui naît au début des années 1960 lorsque la Chine décide de défricher tous les domaines de l'astronautique. Pendant des décennies, tous les aspects des vols automatiques lunaires sont étudiés. Mais, faute de lanceurs assez puissants, de technologies et surtout de ressources financières adéquates, aucune sonde chinoise n'a été lancée vers notre céleste voisine.

Au début des années 1990, il semble que les responsables de l'astronautique inscrivent la Lune comme nouvel objectif des missions scientifiques en parallèle au développement des vols habités du Projet-921. Il est prématuré cependant d'établir un lien entre les deux programmes même si les travaux sur la sonde lunaire débutent aussi en 1992... Trois ans plus tard, un représentant de l'Académie des Sciences - Jiang Jingshan - annonce que le dernier plan quinquennal inclut la réalisation des premières sondes lunaires et interplanétaires[200]. En 1998, le développement des sondes lunaires est confirmé au congrès Space 98 par Ma Xingrui de la CAST. Le maître d'oeuvre du vaisseau Shenzhou serait aussi responsable des futures sondes d'exploration de l'Empire du Milieu. En 1997, la 5e Académie avait réalisé avec la CALT un séminaire sur la conception, la navigation et la poursuite des sondes lunaires.

Le contenu des conférences, diffusé dans les milieux spécialisés, permet d'établir le portrait robot des explorateurs automatiques chinois en cours de développement.

- **Sondes orbitales** (2005) – Tous les aspects concernant la navigation et la poursuite des sondes ont été étudiés. Les articles scientifiques chinois mentionnent quatre types d'orbiteurs lunaires. L'exploration de notre satellite naturel commencerait par la mise en orbite d'une petite sonde stabilisée par spin suivie d'un engin de 600 kg (dérivé des bus de satellites DFH) qui serait placé à 1 000 km d'altitude. Une sonde propulsée par voile solaire est aussi envisagée. Enfin, dans le cadre du Projet 863, on évoque l'étude d'un véhicule de 300 kg propulsé par un moteur ionique. Ces sondes seraient utilisées pour confirmer la présence de glaces aux

200 – "The Chinese Planetary Program" (wysiwyg://46/http://www.geocities.com/p_ulivi:/chinamoo.html).

pôles lunaires et pour rechercher de l'Hélium-3.

- **Pénétrateur** (2005/2010) – La sismologie lunaire préoccupe aussi les Chinois qui développent des pénétrateurs à l'instar des Japonais et de leur projet Lunar-A [201]. Pour mettre au point ces atterrisseurs hypervéloces, la Chine testerait des projectiles d'artillerie (en acier, en titane, en tungstène, etc.) contre des cibles en béton.

- **Atterrisseur** (2010) – Là encore, une sonde de 600 kg est souvent évoquée. Le problème de l'alunissage est en cours d'étude dans plusieurs établissements aérospatiaux chinois. Plusieurs sources suggèrent l'emploi de systèmes d'alunissage en douceur qui utilisent des calculateurs à réseaux de neurones.

- **Véhicule de surface mobile** (2010/2020) – L'atterrisseur pourrait transporter un petit véhicule de surface mobile qui est en cours de développement à l'Université Xinhua [202]. La maquette de ce véhicule ressemble beaucoup au petit rover Sojourner de la mission américaine Mars Pathfinder. Chaque roue est activée par un moteur électrique indépendant alimenté en énergie solaire par une batterie de photopiles. Le rover lunaire chinois pourrait "escalader" des obstacles de 18 cm de haut. Il serait équipé d'un système de vision et de navigation autonomes. Enfin, une version ultérieure serait munie d'un télémanipulateur associé à un système de téléprésence pour sélectionner des échantillons et les analyser.

- **Retour d'échantillons** (2020 et au-delà) – En cas de succès, l'exploration automatique de la Lune pourrait aboutir à une mission de retour d'échantillons. Cette opération est encore étudiée par les spécialistes de robotique spatiale de l'Université Xinhua.

Toutes les sondes lunaires seraient lancées par des fusées CZ-3 (1 à 3 t vers la Lune) depuis la base de Jiuquan. Elles seraient suivies par une antenne géante qui est en cours de développement dans le cadre du projet FAST (Five hundred meter Apperture Spherical Telescope). La Chine envisage d'intégrer ce radiotélescope dans le réseau DSN (Deep Space Network) pour bénéficier d'une couverture plus large pour contrôler ses sondes planétaires.

201 – En Chine, l'impact des sondes sur la Lune a été évoqué pour la première fois dans une publication scientifique datant de 1964.

202 – Plusieurs types de véhicules mobiles lunaires seraient étudiés par l'Université Xinhua.

FAST, nouveau projet pharaonique chinois

Après l'édification du barrage des Trois Gorges et la réalisation du projet 921 "Shenzhou", la Chine compte dépenser 1 G$ pour construire le plus grand radiotélescope du monde. Avec 500 m d'ouverture, cet instrument, dénommé FAST, dépasserait sensiblement les performances du célèbre radiotélescope américain d'Arecibo. FAST serait construit au sud-ouest de la Chine dans la province de Guizhou. La conception du télescope est étudiée depuis 1995 par des dizaines de scientifiques de 22 Instituts. Lorsqu'il sera en service, il constituera un outil unique pour observer le ciel et communiquer le cas échéant avec les sondes spatiales. FAST serait aussi le prototype du projet de radiotélescope mondial Square Kilometer Array. La Chine ne manque plus d'ambition, y compris pour écouter les sources radio de l'Univers...

Ainsi, à l'instar du Projet 921 "Shenzhou", des moyens émergent pour "rapprocher" la Lune de la Chine au début du XXIe siècle. L'enthousiasme des responsables de l'astronautique pour notre satellite naturel frise même l'utopie en l'absence de réalisation concrète.

▪ Les Chinois sur la Lune

Depuis la fin du XXe siècle, les Chinois multiplient les déclarations d'intention pour visiter notre céleste voisine et s'y implanter. Dès 1998, Yuan Jiajun - le vice-président de la CAST - affirme : *« Le principal objectif des scientifiques concerne le retour de l'Homme sur la Lune et son installation dans des bases permanentes »*. En 1999, le spécialiste des fusées Long Lehao prédit que l'Humanité se rendra facilement sur la Lune : *« entre 2010 et 2020, les hommes voyageront régulièrement vers la Lune comme ils le font aujourd'hui entre Pékin et Hong Kong »* [203]. À la même époque, Ye Zili, le Secrétaire général de l'Association chinoise de sciences spatiales, affirmait que des dizaines de propositions avaient été élaborées pour poser des engins sur la Lune [204]. Enfin, le 4 octobre 2000, le spécialiste des

203 - "Interview With Chinese Rocket Expert Long Lehao on Development Prospects", in *Hong Kong Ta Kung Pao*, Hong Kong, 25/09/99, p. [?]

204 - "PRC Said Targeting Landings On Moon, Mars", in *Hong Kong AFP*, Hong Kong, 20/10/99.

fusées Zhuang Fenggan confirme la vision chinoise du futur de l'Humanité sur notre satellite naturel : *« un jour, la Lune accueillera des bases permanentes pour les vaisseaux et leurs équipages ».* Le directeur de l'Agence spatiale chinoise – Luan Enjie – ne rejette pas ces déclarations et estime que la Chine a déjà les moyens d'y déposer des véhicules.

Ces affirmations optimistes sur la conquête de la Lune paraissent peu crédibles au moment où l'Empire du Milieu commence à peine à défricher le domaine des vols habités. À moins qu'elles ne trahissent une ancienne frustration. En fait, l'étude des vols habités lunaires a pu être initiée sous la présidence de Mao Zedong. Lorsque la Chine rejoint le club des nations atomiques, la compétition américano-soviétique pour la Lune a dû être scrutée par les astronauticiens de Pékin. De même, les séminaires "d'éducation spatiale" conduits par Tsien au début des années 1960 comprenaient déjà des présentations sur l'exploration du Système solaire et de la Lune. Ensuite, l'utopie de la Révolution Culturelle a pu faire son œuvre jusqu'à l'abandon des "projets spatiaux fantaisistes" du Maréchal Lin Biao après 1975.

Aujourd'hui, Pékin n'a fait aucune déclaration officielle pour laisser ses empreintes sur notre satellite naturel. Les autorités chinoises préfèrent suggérer l'existence d'un programme lunaire en présentant, par exemple, des maquettes dans une exposition universelle (Hannovre 2000) et en évoquant le sujet dans une publication d'Académiciens...

En effet, cet engouement pour la Lune émane surtout de l'Académie des Sciences chinoise. À l'automne 2000, ce prestigieux organisme révèle la publication d'un ouvrage intitulé *"Les Académiciens imaginent le XXIe siècle"*. La partie rédigée par Ouyang Ziyuan concerne la description d'une colonisation de la Lune par la Chine [205]. Même si les dates sont fantaisistes, cette prospective mérite d'être citée :

- **2005** : La Lune devient une station spatiale naturelle pour des cosmonautes qui installent un poste avancé avec des modules pressurisés, des générateurs électriques et des véhicules de surface.
- **2010** : La base lunaire semi-permanente est achevée. Elle autorise des séjours de plusieurs semaines pour conduire des expériences scientifiques et des observations astronomiques.

205 – **Wei Long** "Chinese Scientists Envisages Moon City in Early 21st Century", in *SpaceDaily.com*, 23/10/00 (wysiwyg://2/http://spacedaily.com/news).

- **2015** : La base lunaire devient permanente. Les cosmonautes disposent de laboratoires pour leurs expériences et de fermes hydroponiques pour subvenir à leur alimentation.

- **2020** : La base devient un "village extra-terrestre" autonome dont la survie économique est assurée par la transformation de la régolithe en nouveaux matériaux et la transmission d'énergie solaire vers la Terre.

La justification "écologique" de la base lunaire est évoquée par les Académiciens. Elle retransmettrait une énergie solaire abondante vers la Terre pour limiter la pollution des centrales électriques thermiques ou nucléaires. Mais cette louable ambition n'est pas très crédible. La transmission d'énergie sans fil (par faisceaux de micro-ondes) est encore expérimentale et son impact sur l'environnement mal connu. En outre, quelle écologie faut-il évoquer quand on doit acheminer sur la Lune des dizaines de tonnes avec des lanceurs polluants pour ce type de projet ? L'utilisation scientifique et le développement de nouvelles technologies paraissent plus réalistes. À cet égard, la Lune peut constituer le banc d'essai pour des programmes plus ambitieux à destination des planètes. Mais là aussi, la Chine a quelques idées.

© Philippe Coue

Modèle d'automobile lunaire chinoise présenté en maquette à l'exposition universelle d'Hanovre en 2000. Fiction ou réalité ?

▪ Mars la rouge

Depuis le début de l'astronautique, Mars est dans la ligne de mire des agences spatiales. Les caractéristiques de cette planète en font l'objet le “plus attrayant” du Système solaire pour les planificateurs des missions d'exploration automatiques et habitées. Les sondes américaines ont eu plus de chance que leurs homologues soviétiques et russes pour nous faire découvrir un vaste désert gelé parsemé de canyons et de volcans géants.

Les Mariner et les Viking ont aussi révélé le passé tourmenté de la planète : dans une époque lointaine, l'eau a coulé en abondance sur Mars. L'empreinte de l'eau à la surface est-elle le résultat de phénomènes cataclysmiques et passagers ou, au contraire, la preuve d'une présence continue pendant des millions d'années ? Toutes les futures missions martiennes ont été élaborées autour de cette question fondamentale, avec en filigrane la recherche de la vie. La découverte d'une vie primitive ou des vestiges fossilisés constituerait un événement aussi important que le premier pas de l'homme sur la Lune. Mais à la différence de ce dernier, il représenterait une étape majeure dans notre compréhension de l'Univers. Une étape aux conséquences philosophiques et religieuses imprévisibles.

L'enjeu de l'exploration martienne a été pris en compte par la NASA. Désormais, tous les deux ans (à chaque fenêtre martienne), l'Agence spatiale américaine envoie des sondes pour explorer la planète rouge depuis l'orbite (Mars Global Surveyor, Mars Odyssey, etc.) ou sur la surface (Mars Pathfinder, Mars Polar Lander, etc.). Avec ces opérations, c'est la fièvre des grands jours qui a de nouveau investi la glorieuse NASA. Les missions de retour d'échantillons tendent même à démontrer que le compte à rebours a déjà commencé pour les futurs astronautes martiens.

Pour ce projet, la station internationale doit être considérée comme un précurseur. Avec l'ISS, les États-Unis ont appris à contrôler un programme international complexe et à le mener à son terme. La “bannière étoilée” est devenue la puissance impériale incontournable pour qui veut explorer l'espace. Aussi, dans les opérations martiennes, il ne saurait être question de faire cavalier seul. La France, par l'intermédiaire du CNES, a compris très tôt le bénéfice d'une coopération avec les États-Unis. L'Agence spatiale française apportera ses compétences et ses deniers pour participer au retour d'échantillons prévu en 2011 ou 2014.

À l'instar des missions automatiques, toutes les puissances spatiales seront impliquées pour l'exploration habitée de la planète rouge. En 1969, un astronaute américain avait foulé le sol de la Lune ; c'est un représentant de l'humanité qui laissera ses empreintes sur le sol martien dans les premières décennies du XXIe siècle. Des empreintes qui pourraient être américaines, européennes et asiatiques !...

L'exploration de la planète rouge par la Chine n'est plus très éloignée. Déjà, en 1992, les Chinois souhaitaient participer à la mission Mars 96. Une ambition qui fut stoppée par l'échec de la sonde russe. Depuis, l'Académie des Sciences (et probablement la CAST) étudie des orbiteurs et des atterrisseurs martiens pour les années 2010/2020 ainsi que des équipements scientifiques susceptibles d'être embarqués sur des sondes étrangères. À l'instar des autres puissances spatiales, les responsables de l'astronautique chinoise estiment que les éclaireurs automatiques précéderont les vols habités vers la quatrième planète.

La contribution de la Chine à l'homme sur Mars, de la science-fiction ? Pas tout à fait ! En 1990, les Chinois Dong Chun et Zuwei Huang (ministère de l'industrie aérospatiale) profitaient du congrès IAF de Dresde pour présenter une nouvelle famille de Longue Marche-X (CZ-X) capables de missions martiennes [206]. Les CZ-X comprendraient des étages existants et de nouveaux étages "non polluants" alimentés en kérosène et oxygène liquide. La première version (1 400 t) – la CZ-X1 – serait capable de placer 10 t vers Mars. Pendant leurs présentations, les deux fonctionnaires chinois ont aussi suggéré que *« la Chine participe à la construction en coopération internationale d'une grande fusée à ergols liquides destinée à lancer un équipage humain sur Mars »*. Ce lanceur lourd de 2 200 t serait doté d'un corps central H-500 cryogénique de 500 t d'oxygène et d'hydrogène liquides avec quatre étages latéraux K-400 avec 400 t de kérosène et d'oxygène liquides. Comparable au lanceur super lourd Energia, développé par les Soviétiques, cette fusée géante chinoise pourrait mettre en orbite les éléments de 100 t d'un astronef interplanétaire.

Présentés à l'époque de la Space Exploration Initiative, les lanceurs lourds chinois démontraient l'intérêt de la Chine pour coopérer à l'envoi d'hom-

206 – **Pierre LANGEREUX**, "La Chine propose une fusée pour Mars", in *Air et Cosmos* n°1303, Paris, 27/10/90, pp. 34 à 37.

mes vers la planète Mars. Depuis, aucun autre projet de ce type n'a été dévoilé. Au-delà du transport spatial, la contribution de l'Empire du Milieu au vol habité martien pourrait revêtir d'autres formes : équipements scientifiques, matériels divers pour le vaisseau interplanétaire, modules pressurisés, etc.

© Philippe Coué

Vision futuriste d'un vaisseau habité à proximité de Jupiter. L'intérêt actuel des dirigeants chinois pour l'astronautique suggère que l'Empire du Milieu participe aux grandes réalisations spatiales du XXIe siècle...

12

Conclusions

Significations politiques du Projet-921 "Shenzhou" – Le "vaisseau céleste" participe à la modernisation de la Chine – Quel avenir pour les vols habités chinois ?

Au début du XXIe siècle, les activités spatiales de l'Empire du Milieu ont atteint un niveau tout à fait honorable. Malgré des lacunes initiales très importantes, l'opiniâtreté des ingénieurs a payé : la Chine a réalisé seule le développement de son astronautique. Dans l'espace, aussi, la Chine sera souveraine.

Bien sûr, la politique n'a jamais été absente de cette entreprise technico-scientifique unique en Asie. Le vaisseau habitable Shenzhou, réalisé dans le cadre du Projet 921, ne déroge pas à la règle. D'aucuns affirment même qu'il a été réalisé dans le seul but de glorifier le régime communiste. Mais en marge des aspects politiques indéniables du programme, la conduite des vols spatiaux pilotés ne manquera pas d'influencer les progrès techniques et économiques de la Chine. Enfin, avec Shenzhou, l'Empire du Milieu ajoute une dimension asiatique à la conquête de l'espace.

■ Significations politiques du Projet-921 "Shenzhou"

À l'origine, tous les programmes spatiaux étaient dictés par des impératifs politiques. Très tôt, la Chine a compris tous les bénéfices des opérations spatiales pour sa propagande intérieure et extérieure. Aux yeux du monde, la maîtrise de l'atome lui garantissait déjà un statut de grande puissance militaire. La construction d'engins spatiaux devait confirmer ce rang et lui conférer l'image d'une nation à la pointe de la technologie. L'aspect prestigieux du programme spatial et son importance pour positionner la Chine dans le *"nouvel ordre mondial"* avaient été confirmés en 1993 par le directeur de la CNSA, Liu Jiyuan [207].

207 – **Liu JIYUAN**, "Strategic Position and Role of Space Activities in China", in *Aerospace China* n°5, Pékin, 05/93, pp. 3 à 5 (article traduit par le JPRS : JPRS-CST-93-015, 15/09/93).

Dès son premier vol, Shenzhou est apparu comme un objet de propagande ; une nouvelle icône du régime apte à célébrer le très symbolique cinquantième anniversaire de la République Populaire.

Lorsque le premier vol spatial habité sera effectivement réalisé, cet événement sera davantage exploité par les dirigeants de Pékin comme une nouvelle manifestation de la puissance chinoise. Sur le plan intérieur, les rondes du « vaisseau céleste » donneront à l'homme de la rue le sentiment d'une certaine suprématie technologique. La présence de leurs compatriotes en orbite sera ressentie avec émotion. Sans aucun doute, une grande partie du monde chinois applaudira à l'unisson l'exploit de ses cosmonautes.

Au niveau international, le message politique sera destiné aux voisins de la région Asie-Pacifique et surtout aux principales puissances industrielles. En Asie, la prééminence de la Chine sera renforcée et ses velléités d'expansion seront plus inquiétantes. L'incursion des Chinois en orbite permettra aussi à Pékin de claironner au reste du monde son ambition de transformer l'Empire du Milieu en superpuissance. Cette propagande serait presque légitime au moment où la Chine – à l'image de tout l'Extrême-Orient – est vouée toute entière au développement.

Le pouvoir politique pourra aussi rappeler le caractère unique des missions pilotées qui permettent à la Chine d'appartenir à l'élite mondiale de l'astronautique aux côtés de la Russie et des États-Unis. Ce message prendra valeur de symbole vis-à-vis de l'Europe et du Japon. Le vieux continent et l'Empire du Soleil Levant ont bien développé une infrastructure industrielle adéquate pour participer à la construction et l'exploitation de la station spatiale internationale. Mais les vols habités restent controversés et personne, à l'heure actuelle, au Japon et en Europe, ne songe à envoyer de manière indépendante ses ressortissants en orbite. Concevoir des vaisseaux ou des éléments de station sophistiqués est une chose, procéder au lancement de cosmonautes dans l'espace en est une autre. Il est probable que le vaisseau chinois sillonne longtemps les routes du ciel sans la "concurrence" des engins de l'ESA ou de la NASDA.

Enfin, le Projet 921 met en exergue l'alliance technico-scientifique qui existe depuis la fin des années 1980 entre la Chine et la Russie surtout à des fins militaires. Après l'effondrement de l'Union Soviétique, cette coopération démontre les convergences stratégiques des deux nations pour tenter d'équilibrer un "nouvel ordre mondial" dominé par les États-Unis. En fait, l'assistance de la Russie est de plus en plus importante. Des milliers de militaires chinois devraient rejoindre prochainement les académies de défense russes. En ce qui concerne la technologie, un "pipe line" russe alimente la Chine en matériels très avancés. En 1991, ce transfert était estimé à 1 G$, aujourd'hui, il atteindrait 4 G$ par an. Dès lors on comprend mieux la ressemblance du vaisseau chinois avec le Soyouz russe. Même si Shenzhou a été entièrement réalisé en Chine, comme l'affirment ses concepteurs, il ne fait aucun doute que la démarche russe en matière de vols habités a inspiré son maître d'oeuvre, la CAST. Pour preuve, au mois d'octobre 2001, un représentant de l'Agence spatiale russe (RAKA) affirmait que la coopération avec la Chine sur les vols habités fonctionnait parfaitement au niveau gouvernemental, institutionnel et industriel [208].

▪ Le "vaisseau céleste" participe à la modernisation de la Chine

Avec Shenzhou, la Chine rompt définitivement deux siècles de soumission aux sciences et techniques occidentales. Elle renoue avec son glorieux passé technologique qui comprend aussi bien l'invention de la brouette que de la boussole ou encore celle de l'imprimerie [209].

Des lustres s'écouleront avant que les activités spatiales humaines deviennent rentables et puissent influencer durablement l'activité économique d'une nation. Mais les exigences de l'astronautique habitée réclament un renouvellement du matériel spatial qui bénéficie déjà à l'ensemble de l'industrie chinoise [210]. Quatre secteurs sont influencés par la réalisation des vols pilotés : l'industrie aéronautique, les matériaux, l'électronique et la médecine.

Dans le domaine aéronautique, les technologies développées dans le cadre du Projet 921, contribueront à améliorer la fiabilité et la performance des aéronefs ainsi que l'image de ce secteur sur la scène internationale. L'existence de l'industrie aéronautique est réelle mais les Chinois n'ont pas encore obtenu de succès décisifs dans ce domaine.

208 – **James OBERG**, "China Takes Aim at the Space Station", in *MNSBC.com website*, 30/10/01 (http://www.mnsbc.com).

209 – **Philippe COUÉ**, *Le Mandarin et le cosmonaute*, mémoire pour l'UV "Économie du changement technique", CNAM, Paris, 1999.

210 – **Craig COVAULT**, "China Seeks ISS Role, Accelerate Space Program", in *AWST*, New-York, 12/11/01, pp. 52-55.

Pour les matériaux, la réalisation de Shenzhou a développé l'usage de nouveaux alliages solides et légers capables de résister aux conditions extrêmes du vol spatial. L'ensemble de l'industrie métallurgique chinoise en a bénéficié et il est probable que sa compétitivité pour ce type de matériaux soit accrue.

Le secteur électronique a toujours accompagné le développement de l'astronautique. Les calculateurs de bord et les autres systèmes électroniques du vaisseau spatial doivent être compacts et protégés du rayonnement ionisant. Les conditions d'utilisation draconiennes des systèmes électroniques, soumis à l'environnement spatial, ont souvent favorisé les avancées technologiques dans ce domaine. On peut citer l'exemple du programme Apollo pour lequel les experts s'accordent à dire qu'il a permis l'essor de la micro-électronique et répandu l'usage des micro-ordinateurs. Pour la Chine, qui possède une industrie électronique en pleine évolution, l'influence des activités spatiales n'est pas négligeable. La modernisation de son industrie de biens de consommation pourrait en dépendre.

Pour terminer cette brève énumération, il convient d'évoquer les retombées technologiques des vols habités pour les applications médicales. Les méthodes et les appareillages développés par l'ISME présentent un certain intérêt pour la médecine chinoise. Les étrangers qui ont visité l'ISME ont constaté l'existence de travaux très intéressants sur le fonctionnement du cerveau et l'emploi de la médecine chinoise traditionnelle pour remédier aux agressions de l'environnement spatial. Par ailleurs, la surveillance médicale des futurs cosmonautes a abouti à la fabrication de multiples senseurs. Conçus pour transmettre vers le centre de contrôle terrestre les principaux paramètres physiologiques, ces capteurs libèrent le cosmonaute de sa surveillance médicale. De tels appareillages trouvent de larges applications pour la santé publique.

▪ Quel avenir pour les vols habités chinois ?

On ne peut être indifférent à l'infrastructure que les Chinois ont créée pour mettre en orbite leurs ressortissants. Sans connaître les budgets qui sont alloués au Projet-921, on devine que la République Populaire a dépensé des milliards de dollars. Cet investissement modifie l'ensemble des activités spatiales chinoises ; on pense en particulier au transport spatial et aux applications militaires.

La fiabilité requise pour mettre en orbite des cosmonautes, avec le lanceur CZ-2F, a rejailli sur les autres fusées qui ne rencontrent plus de problèmes majeurs depuis les graves échecs de 1996. Le contrôle qualité, appliqué à tous les engins spatiaux chinois, est susceptible d'attirer une nouvelle clientèle. Cet avis est partagé par plusieurs analystes dont Marco Càceres du Teal Group, une célèbre société de consultance américaine.

La "coloration militaire" de Shenzhou est indéniable. Le Projet-921 a été réalisé sous le contrôle de la COSTIND, une émanation de l'Armée Populaire de Libération. Ainsi, il est probable que le vaisseau chinois conduise dans l'avenir des missions militaires. L'expérience acquise avec les capsules récupérables FSW permet d'envisager le développement de nouvelles charges utiles qui pourraient aisément prendre place dans le compartiment orbital de Shenzhou.

La suite du Projet 921 est encore mystérieuse. Les Chinois se hâtent lentement pour mettre au point un vaisseau avec toutes les conditions de sécurité requises pour le vol habité. Cette préoccupation peut effectivement expliquer une faible cadence des tirs. Par rapport aux Soviétiques et aux Américains, qui avaient dû effectuer un grand nombre d'essais pour leurs premières cabines Vostock et Mercury, les Chinois affirment aussi que la technologie du XXIe siècle permet de qualifier leur vaisseau habitable en limitant au strict nécessaire les essais en orbite. Dans ces conditions, en tenant compte du rythme de tir et des déclarations des responsables de l'astronautique, la Chine pourrait envoyer ses premiers cosmonautes dans l'espace après seulement quatre ou cinq vols automatiques.

En fait, le sort des vols spatiaux habités chinois dépendra de la priorité que lui accordera Pékin. Si Shenzhou devait uniquement servir la propagande communiste officielle, le programme ne survivrait pas longtemps à l'évolution politique et économique rapide de la Chine. On verrait les Chinois effectuer quelques rondes autour de la Terre et ranger rapidement leurs scaphandres au profit d'activités spatiales moins dispendieuses.

Mais cette vision pessimiste ne s'accorde pas avec la multiplication des études et des projets destinés à envoyer les Chinois en orbite basse et sur les terres du ciel. Les chapitres précédents ont démontré la volonté de Pékin d'accéder aux plus hautes marches du podium en matière d'astronautique, de manière progressive et définitive. En outre, l'infrastructure qui a été créée pour le Projet 921 (base de lancement, station de poursuite, centre de contrôle, etc.) est impressionante et implique une vision à long terme. En toute logique, l'apprentissage des vols habités conduira la Chine vers la station spatiale. D'aucuns imaginent l'arrivée prochaine des Chinois sur l'ISS. Le contexte serait favorable à une telle entreprise. En effet, depuis les évènements du 11 septembre 2001, les États-Unis reconsidèrent les objectifs de la station internationale. Washington souhaite désormais fédérer le plus grand nombre de nations autour de cette importante entreprise spatiale.

Récemment, les Chinois ont sollicité l'aide des Russes et des Européens pour participer à l'ISS. Mais une alliance spatiale avec la Chine est-elle concevable ? Les défenseurs des droits de l'Homme répondent par la négative. Ils affirment qu'il ne saurait être question de partager l'exploitation d'une station spatiale symbolisant des valeurs universelles qui ne sont pas forcément admises par Pékin. En cas de refus, les autorités communistes pourront toujours brandir la carte nationaliste de l'indépendance pour développer une station spatiale autonome et "conserver la face". Dans ce cas, ils ne seraient pas en contradiction avec le discours officiel qui prévoit cette étape avant dix ans.

Au-delà de cette période, toute prospective devient fantaisiste. La desserte d'une grande station spatiale "industrielle" par des astronefs réutilisables et l'exploration du Système solaire, telles qu'elles ont été décrites dans les chapitres précédents, relèvent encore de la science fiction. En fait, ces projets démontrent l'intérêt de la Chine pour s'élever vers le firmament. Bien sûr le mythe du Céleste Empire est toujours présent mais il traduit aussi la volonté de franchir de nouvelles frontières et de fixer davantage dans le temps un empire plusieurs fois millénaire. La ronde des vaisseaux Shenzhou autour de la Terre garantit l'esprit de conquête, de variété et d'aventure qui anime désormais les responsables de l'astronautique et les futurs cosmonautes chinois.

Sans aucun doute, ils seront les "conquérants de la rivière d'argent"[211].

211 – "La rivière d'argent" doit être traduit par "voie lactée".

Liste des abréviations

AEB........... Agencia Espacial Brazileira
AIAA.......... American Institute of Aeronautics and Astronautics
AOCS......... Aerospace Operation Controle Station
AVATAR..... Aerobic Vehicle for Advanced Trans-Atmospheric Research
AWST........ Aviation Week and Space Technology
BACCC....... Beijing Aerospace Command and Control Center
BISSE......... Beijing Institute of Spacecraft Systems Engineering
BNTS......... Beidu Navigation Test Satellite
CAF........... China Air Force
CALT...........China Academy of Launch Vehicle Technology
CAPCOM... Capsule Communicator
CASC......... China Aerospace Corporation & China Aerospace Science and Technology Corporation
CAST......... China Academy of Space Technology
CBERS........ China Brazil Earth Resources Satellite
CGWIC....... China Great Wall Industry Company
CIA..............Central Intelligence Agency
CLTC........... China Satellite Launch and Tracking Control General
CNES......... Centre National d'Etudes Spatiales
COSTIND... Commission of Science, Technology and Industry for National Defense
CSA............ Canadian Space Agency
CSS.............China Surface to Surface
CSSAR........Center for Space Science and Applied Research
CSTIDN...... Commission pour la Science, la Technologie et l'Industrie de la Défense Nationale
CZ............... Chang Zheng (Longue Marche)
DF............... Dong Feng
DFH............ Dong Fang Hong
DRDO........ Defense Research & Development Organization
EADS......... European Aeronautic Defense and Space company
ESA............ European Space Agency
EVA............ Extra Vehicular Activity
FAST.......... Five hundred meters Apperture Spherical Telescope
FB............. Feng Bao (Tempête)
FBI.............. Federal Bureau of Investigation
FBIS............ Foreign Broadcast Information Service
FESTIP........ Future European Space Transportation Investigation Programme
FLTP............Future Launchers Technologies Programme
FMI............ Fonds Monétaire International
FSW............Fanhui Shi Weixing
FY............... Feng Yun

GEO........... Geostationary Earth Orbit
GPS........... Global Positioning System
HOPE......... H-2 Orbiting Plane
HSFD......... High Speed Flight Demonstrator
IAA........... Institute of Aeronautics and Astronautics
IAF............ International Astronautical Federation
ICBM......... Intercontinental Ballistic Missile
IMIS.......... Institut de Médico-Ingénierie Spatiale
INALCO..... Institut National des Langues et Civilisations Orientales
ISAS.......... Institute of Space and Astronautical Sciences
ISF............ Industrial Space Facility
ISME.......... Institute of Space Medico-Engineering
ISP............ Impulsion Spécifique
ISS............ International Space Station
IVA............ Intra Vehicular Activity
JPL............ Jet Propulsion Laboratory
JPRS.......... Joint Publication Research Service
JSSW......... Ji Shu Shiyan Weixing (satellite expérimental)
LEO........... Low Earth Orbit
NASA......... National Aeronautics and Space Administration
NASDA...... National Space Development Agency of Japan
PCC........... Parti Communiste Chinois
QQW......... Qi Qui Weixing
RAKA......... Russian Aviation and Space Agency
RLV............ Reusable Launch Vehicle
RPC............ République Populaire de Chine
SAST.......... Shanghai Academy of Space Technology
SEI............. Space Exploration Initiative
SII.............. Space Industries Incorporated
SJ.............. Shi Jian (technologique)
SKW........... Shiyan Kexuedi Weixing
SLI............. Space Launch Initiative
SOC........... Space Operation Center
SSTL.......... Surrey Satellite Technology Limited
SSTO......... Single Stage To Orbit
STTW........ Shiyian Tongbu Tongxin Weixing
TDRSS........ Tracking and Data Relay Satellite System
TsOUP........ Tsentr Oupravlenia Poliatov
TSTO......... Two Stage To Orbit
TTST.......... Tracking Telemetry and Space Research Station
TU.............. Temps Universel
URSS.......... Union des Républiques Socialistes Soviétiques
USAAF....... United States Army Air Force
VAB............ Vertical Assembly Building

Annexes

1

Organisation du Projet 921 "Shenzhou"

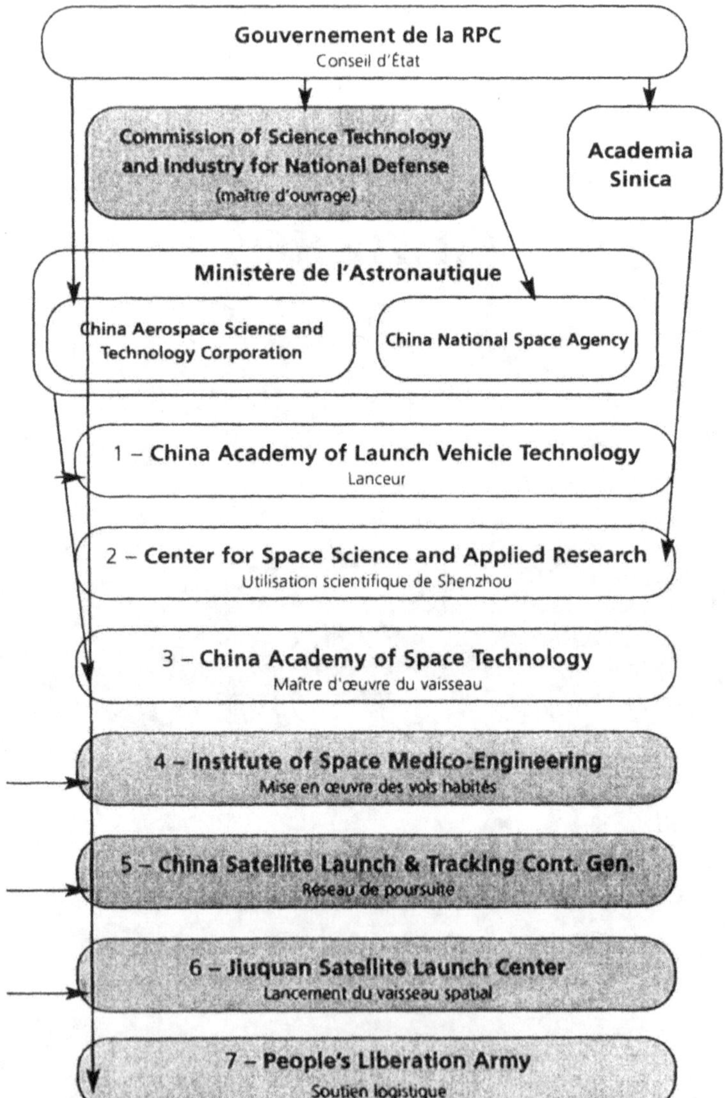

2

Quelques personnalités chinoises associées au Projet-921

Du Heng – Responsable des programmes d'utilisation (scientifique et technique) du vaisseau Shenzhou.

Gong Huixing – Ingénieur ayant participé au développement du Projet-921 entre 1992 et 1994.

Guo Baoxing – Premier CAPCOM (Capsule Communicator) chinois connu. Son nom a été révélé à l'occasion du second vol de Shenzhou. En Russie et aux États-Unis, les cosmonautes ont souvent exercé cette fonction.

Jin Zhuanglong – Directeur de la SAST qui est impliquée dans la réalisation du vaisseau et de son lanceur.

Li Tsinlung – Aspirant cosmonaute chinois qui a suivi une formation "d'instructeur" à la Cité des Étoiles avec Wu Tse en 1997.

Liang Sili – Membre de l'Académie des Sciences impliqué dans l'exploitation scientifique des vols habités.

Liu Mingshan – Directeur de la base de Jiuquan, la base de lancement des cosmonautes chinois.

Liu Yongding – Responsable et principal investigateur des expériences sur les sciences de la vie embarquées à bord du vaisseau spatial Shenzhou-2.

Liu Zusheng – Concepteur du lanceur CZ-2F qui met en orbite le vaisseau chinois.

Liu Zongying – Concepteur du compartiment moteur du module de service de Shenzhou.

Long Lehao – Vice-président de la CALT qui est le maître d'œuvre du lanceur CZ-2F. Cette personnalité s'est souvent exprimée sur les vols pilotés chinois et l'exploration de la Lune.

Ouyang Ziyuan – Académicien qui a décrit l'implantation des bases chinoises sur la Lune dans un ouvrage prospectif intitulé : *Les Académiciens prédisent le XXIe siècle*.

Qi Faren – Concepteur du vaisseau spatial Shenzhou (président de la CAST, le maître d'œuvre du Projet-921).

Qin Wenbo – Directeur des opérations de lancement de Shenzhou à Jiuquan.

Shi Jingmiao – Concepteur du module de service du vaisseau Shenzhou.

Su Shuangning – Directeur et chef concepteur des "systèmes du cosmonaute" responsable de la sélection et de l'entraînement des cosmonautes chinois.

Wang Yongzhi – Responsable du Projet-921 "Shenzhou".

Wu Tse – Aspirant cosmonaute chinois qui a suivi, en 1997, une formation "d'instructeur" à la Cité des Étoiles avec Li Tsinlung.

Xu Fuxiang – Directeur de la CAST, le maître d'oeuvre du vaisseau chinois.

Xu Kejun – Directeur de tir de la CZ-2F qui met en orbite le vaisseau chinois.

Zhang Heqi – Principal investigateur scientifique pour les expériences concernant l'étude de l'environnement spatial destinée à accroître la sécurité des équipages (études des rayons cosmiques). Étude d'un système de surveillance de la "météorologie spatiale".

3

Établissements et organismes chinois impliqués dans le Projet-921 "Shenzhou"

Cette annexe présente une liste (non-exhaustive) des établissements et des organismes associés au programme de vol spatial habité chinois.

Chinese Academy of Sciences

Center for Space Science and Applied Research

Le CSSAR planifie et organise toutes les missions scientifiques chinoises. Pour le Projet-921, il coordonne la totalité des expériences embarquées à bord des vaisseaux Shenzhou (sélection, mise en oeuvre et exploitation des expériences).

Institute of Physics

Réalisation d'expériences sur les matériaux et la croissance des cristaux embarquées à bord du vaisseau Shenzhou.

Institute of Space Medico-Engineering

Principal établissement de recherche chinois dédié aux vols habités. L'ISME entraîne les cosmonautes du Projet 921, étudie et met au point les systèmes de support-vie (cabine de Shenzhou et scaphandre).

Shanghai Institute for Biological Sciences

Un département de cet Institut se consacre à l'étude des vols habités (médecine spatiale).

China Aerospace Science & Technology Corporation (CASC)

Organisme supervisant les programmes spatiaux chinois.

707 Research Institute

Recueil, analyse et distribution de l'information astronautique pour toute la communauté aérospatiale chinoise.

708 Research Institute

Établissement de normalisation pour les techniques spatiales.

China Academy of Launch Vehicle Technology (CALT)
"1st Academy"

Le maître d'œuvre des lanceurs chinois conçoit et produit la CZ-2F qui met en orbite le vaisseau habitable Shenzhou. La CALT comprend 13 instituts de recherches et sept usines probablement impliquées dans le Projet-921.

1st Planing Department - Beijing Institute of Astronautical Engineering

Conception des systèmes à ergols liquides pour le lanceur CZ-2F.

13th Research Institute - Beijing Institute of Control Devices

Équipements de navigation du vaisseau spatial Shenzhou : plate-forme inertielle et gyroscope. Ces équipements sont conçus au 13e Institut de recherche et fabriqués par l'usine 210 de la CALT.

15th Research Institute - Beijing Institute of Special Engineering

Equipements sols associés au lanceur CZ-2F.

704th Research Institute - Beijing Research Institute of Telemetry

Conception des équipements de télémesure du lanceur CZ-2F.

200 Factory

Équipements électroniques pour le lanceur CZ-2F.

China Academy of Space Technology (CAST)
"5th Academy"

Maître d'œuvre du vaisseau spatial Shenzhou.

501st Research Institute - Beijing Institute of Spacecraft Systems Engineering (plus connu avec la dénomination BISSE)

Conception et étude de la capsule de rentrée de Shenzhou et de son sas d'amarrage. Cet établissement possède aussi plusieurs chambres d'environnement spatial pour tester les composants du vaisseau (simulateur KM6 : 12 m de diamètre et 22,4 m de haut).

502st Research Institute - Beijing Institute of Control Engineering

Conception des systèmes de contrôle d'attitude du vaisseau spatial.

504th Research Institute - Xian Institute of Radio Engineering

Équipements électroniques divers et de communications (antennes) pour le vaisseau spatial.

508th Research Institute - Beijing Institute of Space Machinery and Electronic Engineering

Étude des technologies de rentrée pour le vaisseau Shenzhou.

510th Research Institute - Lanzhou Institute of Physics
Réalisation d'expériences embarquées à bord du vaisseau spatial (croissance des cristaux et astrophysique).

511th Research Institute
Beijing Institute of Environmental Test Engineering
Essais de composants du vaisseau spatial.

529 Factory - Beijing Orient Scientific Instrument Factory
Assemblage final du vaisseau Shenzhou ?

Shanghai Academy of Spaceflight Technology (SAST) "8th Academy"

Premier partenaire du Projet-921 sous la direction de la CAST. La 8e Académie réalise le module de service du vaisseau chinois et très probablement la capsule. La SAST comporte plusieurs établissements de recherche et de bureaux d'études concernant les équipements spatiaux électroniques (télécommunications, télémesure, etc.) et électriques (câblage, batteries, etc.) qui doivent être impliqués dans le Projet-921.

509th Research Institute - Shanghai Institute of Satellite Engineering
Étude et conception des éléments du vaisseau spatial.

805th Research Institute
Shanghai Institute of Electromechanical Equipment ?
Étude et conception du système d'amarrage du vaisseau spatial.

China Academy of Space Electronics Technology "9th Academy"

La 9e Académie conçoit et produit des ordinateurs et divers équipements électroniques pour la CASC.

771st Research Institute - Lishan Microelectronics Institute
Réalisation d'ordinateurs pour le Projet-921 (segments sol et spatial).

Autres établissements chinois associés au Projet-921

Beijing Research Institute of Materials & Technology
Étude des matériaux ablatifs pour la protection thermique de la capsule de rentrée du vaisseau spatial.

Changsha Institute of Technology
Étude de la structure et des matériaux du vaisseau spatial.

Institute of Command and Technology
Étude de l'interface homme/machine pour le vaisseau spatial.

Northwestern Polytechnical University
Étude de la navigation spatiale (trajectoires orbitales et de rentrée) et mise au point des systèmes associés (avec GPS et DGPS).

Middle School of Ping Li County
Médecine traditionnelle chinoise pour les vols habités.

Tianjin Institute of Power Sources
Batteries et panneaux solaires pour le vaisseau spatial.

4

Les opérations spatiales chinoises

01/11/69 **CZ-1** **Jiuquan**

· **Chine ?**
Première tentative de lancement d'un satellite chinois avec le lanceur Chang Zheng (CZ).

10/01/70 **CZ-1** **Jiuquan**

· **sans charge utile**
Essai en vol suborbital du lanceur CZ-1.

24/04/70 **CZ-1** **Jiuquan**

· **Chine-1 / DFH-1** **434/2.291 km - 112,9 mn - 68,4°**
Premier satellite chinois. DFH-1 (174 kg) retransmet le chant patriotique "l'Orient est rouge" sur 20.009 Mhz.

03/03/71 **CZ-1** **Jiuquan**

· **Chine-2 / SJ-1** **168/1.138 km - 106 mn 69,9°**
Satellite scientifique et technologique de 221 kg dédié à l'étude de l'environnement spatial. SJ-1 pouvait être écouté sur 19.995 Mhz jusqu'à son retour dans l'atmosphère le 17/06/79.

10/08/72 **FB-1** **Jiuquan**

· sans charge utile
Premier essai en vol du lanceur FB-1 "Tempête".

18/09/73 **FB-1** **Jiuquan**

· **JSSW-1** Échec
Première tentative de lancement du satellite de type JSSW qui était peut-être dédié à l'écoute électronique. Six satellites de ce type seront lancés par la fusée FB-1 avec un taux d'échec très important.

14/07/74 **FB-1** **Jiuquan**

· **JSSW-2** Échec
Seconde tentative de lancement d'un satellite de type JSSW.

04/11/74 **CZ-2A** **Jiuquan**

· **FSW-0** Échec
Première tentative de lancement d'un satellite récupérable. Échec du tir inaugural du lanceur CZ-2A après la perte de contrôle du premier étage.

26/07/75 **FB-1** **Jiuquan**

· **Chine-3 / JSSW-3** **183/460 km - 91 mn - 69°**
Mission probable d'intelligence électronique avec un système vidéo. Chine-3 (1.105 kg) fonctionne pendant 50 jours.

26/11/75 **CZ-2C** **Jiuquan**

· **Chine-4 / FSW-0-1** **178/478 km - 91 mn - 63°**
Premier vol d'essai du satellite de reconnaissance FSW (1.790 kg). Les films retournent sur Terre dans la capsule récupérable le 29/11/75.

16/12/75 **FB-1** **Jiuquan**

· **Chine-5 / JSSW-4** **186/361 km - 89,9 mn - 68,9°**

Mission probable d'écoute électronique. Le satellite (1.109 kg) se désintègre dans l'atmosphère après 42 jours de vie orbitale.

30/08/76 **FB-1** **Jiuquan**

· **Chine-6 / JSSW-5** **194/2.028 km - 107,5 mn - 69°**

Satellite de 1.108 kg identique à ses prédécesseurs. Chine-6 se désintègre le 25/11/78.

10/11/76 **FB-1** **Jiuquan**

· **JSSW-6** Échec

Dernier lancement d'un satellite JSSW.

07/12/76 **CZ-2C** **Jiuquan**

· **Chine-7 / FSW-0-2** **162/292 km - 89 mn - 59,4°**

Second vol d'essai du satellite FSW (1.812 kg). La capsule est récupérée le 10/12/76.

14/09/77 **FB-1** **Jiuquan**

· **sans charge utile**

Second essai suborbital du lanceur FB-1.

26/01/78 **CZ-2C** **Jiuquan**

· **Chine-8 / FSW-0-3** **192/509 km - 91,4 mn - 57°**

Troisième vol d'essai du satellite FSW. La capsule est récupérée le 29/01/78.

16/04/78 **FB-1** **Jiuquan**

· **sans charge utile**

Troisième essai suborbital du lanceur FB-1.

28/07/79 **FB-1** **Jiuquan**

· **SJ** Échec

Première tentative de lancement multiple avec trois satellites scientifiques mais échec dû à la défaillance des moteurs du second étage.

20/09/81 **FB-1** **Jiuquan**

· **Chine-9 / SJ-2** **231/1.599 km - 103 mn - 59,5°**

Satellite scientifique pour l'observation du Soleil et de la haute atmosphère. L'engin de 257 kg tombe dans l'atmosphère après 332 jours de vie orbitale.

· **Chine-10 / SJ-2A** **231/1.599 km - 103 mn - 59,5°**

Satellite de 483 kg pour l'exploration de l'ionosphère. Il se désintègre dans l'atmosphère après 382 jours de vie orbitale.

· **Chine-11 / SJ-2B** **231/1.599 km - 103 mn - 59,5°**

Satellite technologique de 28 kg avec un ballon filoguidé. Les deux objets se désintègrent dans l'atmosphère après six jours de vie orbitale.

09/09/82 **CZ-2C** **Jiuquan**

· **Chine-12 / FSW-0-4** **176/390 km - 90,8 mn - 62,9°**

Premier satellite de reconnaissance (1.783 kg) FSW-0 opérationnel. Les autorités chinoises affirment que l'engin effectue une mission civile d'observation de la Terre. La capsule est récupérée le 14/09/82.

19/08/83 **CZ-2C** **Jiuquan**

· **Chine 13 / FSW-0-5** **160/265 km - 88,8 mn - 63,31°**

Satellite de reconnaissance de 1.842 kg. Mission civile et militaire d'observation de la Terre. La capsule est récupérée le 24/08/83.

29/01/84 CZ-3 Xichang

· **Chine-14 / SW / DFH-2-1 466/6.582 km - 163,4 mn - 36,2°**
Premier satellite chinois de télécommunications (1.000 kg). Le lancement de Chine-14 inaugure le lanceur CZ-3 et la nouvelle base de lancement de Xichang. Une défaillance du nouvel étage cryogénique empêche la mise en orbite géostationnaire du satellite. Celui-ci se trouve placé sur une orbite de parking inutilisable.

08/04/84 CZ-3 Xichang

· **Chine-15 / STTW-A / DFH-2-2 35.770/35.794 km - 1.436,4 mn - 6,1° (125°E)**
Premier satellite chinois placé en orbite géostationnaire (1.000 kg). Cet engin relaie les émissions de la radio et de la TV chinoises. STTW-A cesse de fonctionner à la fin de 1987.

12/09/84 CZ-2C Jiuquan

· **Chine-16 / FSW-0-6 174/401 km - 90,2 mn - 67,9°**
Satellite de reconnaissance de 1.808 kg. La capsule contenant les films est récupérée après cinq jours de vol orbital.

21/10/85 CZ-2C Jiuquan

· **Chine-17 / FSW-0-7 174/394 km - 90,2 mn - 62,9°**
Satellite de reconnaissance de 1.821 kg. FSW-0-7 observe la Terre à des fins civiles. Le 26/10/85, la capsule rapporte quelque 3.000 images de la Chine.

01/02/86 CZ-3 Xichang

· **Chine-18 / STTW-1 / DFH-2-3 35.780/35.789 km - 1.435,9 mn - 4,7° (103°E)**
Satellite expérimental de télécommunications de 915 kg. Il reste opérationnel deux ans.

06/10/86 CZ-2C Jiuquan

· **Chine-19 / FSW-0-8 172/376 km - 90 mn - 56,9°**
FSW-0-8 (1.820 kg) effectue une mission de télédétection des ressources terrestres. Le 11/10/86, la capsule rapporte des milliers de photographies.

05/08/87 CZ-2C Jiuquan

· **Chine-20 / FSW-0-9 172/395 km - 90,2 mn - 63°**
Dernier satellite FSW de première génération. Pour la première fois, cet engin spatial transporte des expériences scientifiques (biologie et sciences des matériaux). La société française Matra fournit deux expériences.

09/09/87 CZ-2C Jiuquan

· **Chine-21 / FSW-1-1 200/309 km - 89,6 mn - 63°**
Premier satellite FSW de seconde génération 2.100 kg. Plusieurs expériences scientifiques sont réalisées au cours du vol. La capsule est récupérée le 17/09/87 après huit jours de vol.

07/03/88 CZ-3 Xichang

· **Chine-22 / STTW-2/DFH-2A-1 35.789/35.790 km - 1.436,2 mn - 0,5° (87,5°E)**
Satellite de télécommunications de 1.025 kg, dénommé Chinasat-1A, avec quelques expériences pour étudier l'environnement spatial en orbite géostationnaire.

05/08/88 **CZ-2C** **Jiuquan**

· **Chine-23 / FSW-1-2** **200/295 km - 89,5 mn - 63°**
Satellite récupérable de 2.102 kg pour la télédétection des ressources terrestres. FSW-1-2 transporte aussi l'expérience allemande de cristallisation de protéines Cosima.

06/09/88 **CZ-4A** **Taiyuan**

· **Chine-24 / FY-1A** **880/898 km - 102,7 mn - 99,2°**
Chine-24 inaugure le lanceur CZ-4A et la base de lancement de Taiyuan. C'est aussi le premier satellite de météorologie chinois. FY-1A observe les phénomènes météorologiques (avec 1,1 km de résolution). Il cesse de fonctionner après 39 jours de vie orbitale (défaillance du contrôle d'attitude).

22/12/88 **CZ-3** **Xichang**

· **Chine-25 / STTW-3/DFH-2A-2** **35.784/36.784 km - 1.436 mn - 0,6° (104°E)**
Ce satellite dénommé Chinasat-1B est dédié aux télécommunications.

04/02/90 **CZ-3** **Xichang**

· **Chine-26 /STTW-4** **35.780/35.796 km - 1.436,1 mn - 0,1° (98°E)**
Cinquième satellite de télécommunications chinois (1.024 kg) dénommé Chinasat-1C.

07/04/90 **CZ-3** **Xichang**

· **Asiasat-1** **35.781/35.793 km - 1.436 mn - 0,1° (105,5°E)**
Le satellite de télécoms. Westar-6, qui avait été récupéré par la Navette en novembre 1984, est remis en orbite pour le compte de l'opérateur Asia Satellite Communications Co Ltd. Avec Asiasat-1 (1.442 kg), la Chine réalise son premier lancement commercial.

16/07/90 **CZ-2E** **Xichang**

· **Chine-27** **204/987 km - 96 mn - 28,49°**
Premier tir du lanceur CZ-2E avec une maquette du satellite australien Optus-B.
· **Badr-1** **201/985km - 96,3 mn - 28,49°**
Premier satellite pakistanais (52 kg). Mission technologique.

03/09/90 **CZ-4A** **Taiyuan**

· **Chine-28/FY-1B** **886/901 km - ? - 98,9°**
2nd satellite météorologique chinois. Le contact avec FY-1B est maintenu jusqu'en 1994.
· **QQW-1/Atmosphere1** **775/803 km - 101,7 mn - 98,9°**
Ballon de 3 m de diamètre pour étudier la densité de la haute atmosphère. QQW-1 (4 kilos) se désintègre dans l'atmosphère le 24/07/91.
· **QQW-2/Atmosphere2** **884/885 km - 101,9 mn - 98,9°**
Mission identique à QQW-1.

05/10/90 **CZ-2C** **Jiuquan**

· **FSW-1-3** **198/296 km - 89,3 mn - 56,9°**
Satellite d'observation avec plusieurs expériences scientifiques (cobayes, plantes, etc.). La capsule est récupérée le 13/10/90.

28/12/91 **CZ-3** **Xichang**

· **STTW-5/DFH-2A-4** **205/35.087 km - 617,6 mn - 31,6°**
Après un défaut de fonctionnement du troisième étage, le satellite de télécommunications chinois (1.024 kg) est placé sur une orbite de parking où il demeure inutilisable.

09/08/92 **CZ-2D** **Jiuquan**

· **FSW-2-1** **173/347 km - 63°**

Premier satellite récupérable chinois de troisième génération. Par rapport à ses prédécesseurs, cet engin de 2.600 kg est manoeuvrable. Le système de manoeuvre fonctionne plusieurs fois pendant neuf jours. Le 25/08/92, la capsule rapporte sur Terre des milliers de clichés et quelques expériences scientifiques.

13/08/92 **CZ-2E** **Xichang**

· **Optus-B1** **35.650/37.331 km - 1.472 mn - 0,43° (160°E)**

Satellite de télécommunications mis en orbite pour le compte de l'opérateur australien Optus Telecommunications Pty Ltd.

06/10/92 **CZ-2C** **Jiuquan**

· **FSW-1-4** **216/312 km - 89,76 mn - 63,01°**

Satellite récupérable pour l'observation de la Terre et quelques expériences.

· **Freja** **597/1.762 km - 108,97 mn - 63,01°**

Satellite suédois (Swedish Space Corporation) pour l'étude des aurores polaires.

21/12/92 **CZ-2E** **Xichang**

· **Optus-B2** Échec

Satellite de télécommunications australien. L'origine de l'échec demeure mystérieuse.

08/10/93 **CZ-2C** **Jiuquan**

· **FSW-1-5 "Jianbing-93-PL"** **208/2.860 km - [?] - 56,95°**

Satellite récupérable pour l'observation de la Terre et la réalisation d'expériences en microgravité. Une défaillance du système de contrôle d'attitude empêche le retour de la capsule le 16/10/93. Celle-ci est propulsée sur une orbite plus haute. Les révolutions de FSW-1-5 cessent le 12/03/96 dans le Pacifique Sud.

08/02/94 **CZ-3A** **Xichang**

· **SJ-4** **166/36.117 km - 639,9 mn - 28,53°**

Satellite scientifique pour étudier l'environnement de la haute atmosphère.

· **KF-1** **156/35.915 km - 632 mn - 28,53°**

Maquette de satellite DFH ou Chinastar.

03/07/94 **CZ-2D** **Jiuquan**

· **FSW-2-2** **174/354 - 89,7 mn - 62,95°**

Satellite récupérable de 2.600 kg pour l'observation de la Terre et la réalisation d'expériences en microgravité. FSW-2-2 transporte plusieurs petits animaux et des échantillons de plantes. La capsule est récupérée le 18/07/94.

21/07/94 **CZ-3** **Xichang**

· **Apstar-1** **35.650/35.920 km - 1.436 mn - 0° (138°E)**

Satellite de télécommunications (1.383 kg) lancé pour le compte de l'opérateur APT Satellite Co. Ltd de Hong Kong (25%) et le gouvernement chinois (75%).

21/08/94 **CZ-2E** **Xichang**

· **Optus-B3** **35.647/35.923 km - 1.436 mn - 0,7° (156°E)**

Satellite de télécommunications australien.

29/11/94 **CZ-3A** **Xichang**

· **DFH-3-1 / Chinasat-3** **35.180/35.990 km - 1.425 mn - 0,26° (132°E)**
Satellite de télécommunications et de télédiffusion (2.230 kg). Une fuite de carburant dans le système de contrôle d'attitude contraint les Chinois à abandonner le satellite en janvier 1995.

25/01/95 **CZ-2E** **Xichang**

· **Apstar-2** Échec
Satellite de télécommunications. Une défaillance du système de guidage dévie la trajectoire du lanceur. Celui-ci est détruit 51 s. après le décollage. Ses débris retombent sur un village, situé à 7 km du pas de tir, en provoquant plusieurs décès et de nombreux blessés.

01/06/95 **CZ-1D** **Jiuquan**

· ?
La nature du tir demeure mystérieuse. Selon certaines sources, il s'agit de l'échec de la mise en orbite d'un satellite ou de l'essai suborbital d'un véhicule spatial pour étudier son comportement pendant la rentrée atmosphérique.

28/11/95 **CZ-2E** **Xichang**

· **Asiasat-2**
Satellite de télécommunications lancé pour le compte de l'opérateur Asia Satellite Telecommunications Co. Ltd.

28/12/95 **CZ-2E** **Xichang**

· **Echostar-1**
Satellite de télédiffusion de 3.288 kg lancé pour le compte de l'opérateur américain Echostar Satellite Corporation.

14/02/96 **CZ-3B** **Xichang**

· **Intelsat-708** Échec
Satellite de télécommunications de l'organisation internationale Intelsat. Une défaillance d'un booster, 2 s. après le décollage, provoque le crash du lanceur 22 s. plus tard et une véritable hécatombe parmi les riverains.

03/07/96 **CZ-3** **Xichang**

· **Apstar-1A** **35.772/35.805 km - 1.436,1 mn - 0,07° (133°E)**
Satellite de télécommunications mis en orbite pour le compte d'APT Satellite Co. Ltd.

18/08/96 **CZ-3** **Xichang**

· **Chinasat-7** **21.675/46.497 km - [?] - 27,25°**
Satellite de télécommunications chinois placé sur une mauvaise orbite.

30/10/96 **CZ-2D** **Jiuquan**

· **FSW-2-3** **1.715/343 km - 89,64 mn - 63,04°**
Satellite récupérable (2.970 kg) d'observation de la Terre avec plusieurs expériences scientifiques concernant les matériaux et la biologie (cobayes, insectes, plantes, etc.). La capsule est récupérée le 14/11/96.

11/05/97 CZ-3A Xichang

· **DFH-3-2 / Chinasat-8 31.860/36.000 km - 1.342,6 mn - 6° (125°E)**
Satellite de télécommunications chinois.

10/06/97 CZ-3 Xichang

· **FY-2-1R 35.780/35.795 km - 1436,1 mn - 1,19° (105°E)**
Premier satellite chinois géostationnaire de météorologie.

20/08/97 CZ-3B Xichang

· **Mabuhay / Agila-2 35.775/35.790 km - 1.436 mn - 0,26° (147°E)**
Satellite de télécommunications mis en orbite pour le compte de l'opérateur philippin Mabuhay Philippines Satellite Corp.

01/09/97 CZ-2C/SD Taiyuan

· **Iridium MFS-1 230/622 km - 93 mn - 86,2°**
Maquette de satellite Iridium.
· **Iridium MFS-2 623/636 km - 97,2 mn - 86,3°**
Maquette de satellite Iridium.

16/10/97 CZ-3B Xichang

· **Apstar-2R 35.818/36.020 km - 1.443 mn - 0,1° (76,5°E)**
Satellite de télécommunications mis en orbite pour le compte de l'opérateur APT Satellite Co. Ltd.

08/12/97 CZ-2C/SD Taiyuan

· **Iridium-40 (SV-042) 776/779 km - 100,4 mn - 86,39°**
Premier lancement commercial chinois de satellites pour la constellation Iridium dédiée à la téléphonie mobile.
· **Iridium-41 (SV044) 774/780 km - 100,39 mn - 86,39°**
Satellite de téléphonie mobile de la constellation Iridium.

26/03/98 CZ-2C/SD Taiyuan

· **Iridium-52 (SV-051) 778/780 km - 100,4 mn - 84,4°**
Satellite de téléphonie mobile de la constellation Iridium.
· **Iridium-53 (SV061) 687/692 km - 100,4 mn - 84,4°**
Satellite de téléphonie mobile de la constellation Iridium.

02/05/98 CZ-2C/SD Taiyuan

· **Iridium-66 (SV-069) 626/641 km - 97,4 mn - 86,35°**
Satellite de téléphonie mobile de la constellation Iridium.
· **Iridium-67 (SV071) 775/781 km - 100,4 mn - 86,38°**
Satellite de téléphonie mobile de la constellation Iridium.

30/05/98 CZ-3B Xichang

· **Chinastar-1 / Zongwei-1 35.916/37.660 km - 1.43 mn - 0,09° (87,5°E)**
Satellite de télécommunications mis en orbite pour le compte de l'opérateur chinois China Orient Telecommunications Satellite Company

---

18/07/98 **CZ-3B** **Xichang**

· **Sinosat-1** **35.780/35.796 km - 1.436 mn - 0,1° (110,5°E)**
Satellite de télécommunications mis en orbite pour le compte de l'opérateur Sino Satellite Communications Company.

19/08/98 **CZ-2C/SD** **Taiyuan**

· **Iridium-72 (SV-003)** **776/781 km - 100,4 mn - 86,4°**
Satellite de téléphonie mobile de la constellation Iridium.
· **Iridium-73 (SV076)** **774/779 km - 100,4 mn - 86,39°**
Satellite de téléphonie mobile de la constellation Iridium.

19/12/98 **CZ-2C/SD** **Taiyuan**

· **Iridium-84 (SV-011A)** **689/713 km - 98,76 mn - 86,55°**
Satellite de téléphonie mobile de la constellation Iridium.
· **Iridium-85 (SV020A)** **687/713 km - 98,76 mn - 86,51°**
Satellite de téléphonie mobile de la constellation Iridium.

10/05/99 **CZ-4B** **Taiyuan**

· **FY-1C** **849/867 km - 102,11 mn - 98,79°**
Satellite de météorologie.
· **SJ-5** **846/866 km - 102,05 - 98,78°**
Satellite scientifique pour l'étude de la magnétosphère.

11/06/99 **CZ-2C/SD** **Taiyuan**

· **Iridium-87 (SV-014A)** **709/712 km - 99 mn - 86,52°**
Satellite de téléphonie mobile de la constellation Iridium.
· **Iridium-88 (SV021A)** **747/752 km - 99,8 mn - 86,45°**
Satellite de téléphonie mobile de la constellation Iridium.

14/10/99 **CZ-4B** **Taiyuan**

· **ZY-1/CBERS-1** **730/746 km - 99,6 mn - 98,54°**
Satellite sino-brésilien de télédétection.
· **SACI-1** **733/746 - 99,6 mn - 98,56°**
Satellite scientifique brésilien. Il cesse de fonctionner quelques jours après son lancement pour non déploiement des panneaux solaires.

19/11/99 **CZ-2F** **Jiuquan**

· **Shenzhou-1** **197/325 km - 89,74 mn - 42,6°**
Premier vol du vaisseau habitable Shenzhou (prototype) et de son lanceur. La capsule retourne sur Terre le 20/11/99 après 14 orbites.

26/01/00 **CZ-3A** **Xichang**

· **Fenghuo-1/Chinastar** NC
Satellite de télécommunications mis en orbite pour le compte de l'opérateur chinois Broadcasting Satellite Corporation.

25/06/00 **CZ-3A** **Xichang**

· **FY-2-2** **35.778/35.792 km - 1436 mn - 1,08° (105°E)**
Satellite de météorologie chinois.

01/09/00 **CZ-4B** **Taiyuan**

· **ZY-2** **480/498 km - 94 mn – 97,4°**
Satellite pour l'observation de la Terre à des fins civiles et militaires.

02/11/00 **CZ-3A** **Xichang**

· **BNTS-1A "Beidou"** NC
Premier satellite chinois de navigation.

26/12/00 **CZ-3A** **Xichang**

· **BNTS-1B** NC
Second satellite chinois de navigation.

09/01/01 **CZ-2F** **Jiuquan**

· **Shenzhou-2** **196,8/334 km - 42,58°**
Second vol du vaisseau habitable chinois. La capsule retourne sur Terre le 16/01/01 laissant le module orbital accomplir un vol de plusieurs mois.

25/03/02 **CZ-2F** **Jiuquan**

· **Shenzhou-3** **330/337 km - 91,2' - 42,4°**
Troisième vol automatique du vaisseau habitable chinois. La capsule retourne sur Terre le 1/04/02 laissant le module orbital accomplir un vol de plusieurs mois.

5

Les Cosmonautes asiatiques qui ont précédé les Chinois

Le premier vaisseau habité chinois ne transportera pas le premier asiatique de l'espace. Ce sont les Soviétiques qui ont donné cette chance au Vietnamien Pham Tuan en 1980. Ce dernier a été suivi par des représentants d'autres nations asiatiques et surtout le Japon. Ils faut aussi mentionner l'entraînement des candidats indonésiens - Bambang Harimourti et M.K. Jusuf - dont le vol en Navette fut annulé après l'explosion de Challenger en 1986.

Le tableau, ci-après, indique les cosmonautes titulaires (en gras), ceux qui ont effectué le vol spatial, et leurs doublures (en italique).

Nom	Pays	Vol	Date	Durée
Pham Tuan *Bui Tuan Liem*	Vietnam	Soyouz-37/Saliout-6	23/07/1980	7j20h42m
Jougderdemidiin Gourragtcha *Majdarzavyin Ganzorig*	Mongolie	Soyouz-39/Saliout-6	22/03/1981	7j20h42m
Rakesh Sharma *Ravish Malhotra*	Inde	Soyouz-T11/Saliout-7	03/04/1984	7j21h40m
Prince Sultan Salman Abdul Aziz Al Saud	Arabie Saoudite	STS-51G/Discovery	17/06/1985	7j1h38m
Mohammed Faris *Mounir Habib*	Syrie	Soyouz-TM3/Mir	22/07/1987	7j23h4m
Abdoul Ahad Mohmand *Mohammad Dauran*	Afghanistan	Soyouz-TM6/Mir	29/08/1988	8j20h26
Toyohiro Akiyama *Ryoko Kikuchi*	Japon	Soyouz-TM11/Mir	02/12/1990	7j21h54m
Tokhtar Aubakirov *Talgat Moussabaïev*	Kazakhstan	Soyouz-TM13/Mir	02/10/91	7j22h12m
Mamoru Mohri	Japon	STS-47/Endeavour	12/09/1992	7j22h31m
Chiaki Mukai	Japon	STS-65/Columbia	08/07/1994	14j17h56m
Koichi Wakata	Japon	STS-72/Endeavour	11/01/1996	8j22h01m
Takao Doi	Japon	STS-87/Columbia	19/11/1997	15j16h35m
Chiaki Mukai	Japon	STS-95/Discovery	29/10/1998	8j21h44m
Mamoru Mohri	Japon	STS-99/Endeavour	11/02/2000	11j5h38m
Koichi Wakata	Japon	STS-92/Discovery	11/10/2000	12j21h43m

6

YUHANGYUAN

La conquête de l'espace a différencié les explorateurs de l'espace russes, américains, européens et...chinois. Le terme "cosmonaute" a été attribué au premier voyageur de l'espace : le Soviétique Youri Gagarine. Cette désignation était logique car il s'était bien rendu dans le cosmos pour accomplir son exploit. Le terme cosmonaute désignait aussi les américains du programme Mercury qui effectuaient des bonds balistiques ou quelques orbites. Mais, en raison de la lutte idéologique qui les opposait avec l'Union Soviétique, les Etats-Unis souhaitaient différencier ses pionniers. Aussi, lorsque la Lune est devenue le principal objectif de la NASA, le terme d'"astronaute" est apparu plus approprié. Aujourd'hui, trente ans après les dernières missions lunaires, on emploie toujours ce mot pour les Américains qui tournent autour de la Terre à bord de la Navette Spatiale ou de la station orbitale internationale.

Dans les années 1980, une autre variante est apparue en Europe à l'initiative des Français : le "spationaute". Au moment où le vieux continent revendiquait une "troisième voie" dans les vols spatiaux habités, ce terme désignait surtout les occupants du Spacelab (péfixe "spa"). Au début du XXIe siècle, le spationaute est toujours en concurrence avec le cosmonaute ou l'astronaute lorsqu'on évoque les Européens de l'espace.

La Chine n'allait pas déroger à la règle. Lorsque le Projet 921 a été révélé, la question s'est posée quant à la dénomination des futurs voyageurs spatiaux de la République Populaire. En mai 1998, un Malais d'origine chinoise, Chiew Lee Yih, propose pour la première fois le terme de *taikonaute*. Le mot *taikong* signifie en chinois espace ou cosmos. Chen Lan reprend cette dénomination pour son célèbre site web sur les activités spatiales chinoises (Go Taikonaut). Elle se répand largement sur Internet et est admise par les média lorsqu'il s'agit de désigner les occupants de Shenzhou. Mais le pouvoir communiste n'admet pas que ses futurs héros puissent être qualifiés de *taikonaute*. Il bannit le terme proposé par les expatriés chinois et préfère le remplacer par *yuhangyuan* qui est la traduction exacte de cosmonaute.

www.ingramcontent.com/pod-product-compliance
Lightning Source LLC
LaVergne TN
LVHW012047041026
849558LV00038B/521